工学のための
微分方程式入門

工学博士 金野 秀敏 著

コロナ社

「工学のための微分方程式入門」正誤表

p.7　コーヒーブレイク図1(c)図説
[誤]　過度
[正]　過渡

p.16　2行目
[誤]　式 (2.38)
[正]　式 (2.48)

p.17　1行目
[誤]　$\vec{Z}(t) = (\cdots)\vec{Z}(0)$
[正]　$\vec{Z}(t) = e^{-\eta t/2}(\cdots)\vec{Z}(0)$

p.19　1行目
[誤]　式 (2.48)
[正]　式 (2.66)

p.22　下から3行目
[誤]　(2.25) の微分方程式
[正]　(2.26) の微分方程式

p.23　下から5行目
[誤]　式 (3.1) と式 (3.2) を使って
[正]　式 (3.1) と式 (3.3) を使って

p.25　式 (3.18)
[誤]　$\cdots = -\dfrac{i}{\Omega_0}\left(\dfrac{\eta}{2} + \cdots\right.$
[正]　$\cdots = -\dfrac{i}{\Omega_0}\left(\dfrac{\eta}{2}x(0) + \cdots\right.$

p.27　5行目
[誤]　$P\vec{X}$
[正]　$P^{-1}\vec{X}$

p.28　4行目
[誤]　式 (3.30), (3.31) のような…
[正]　式 (3.31), (3.32) のような…

p.31　式 (3.50), (3.51)
[正]　（Eを太字に修正）

p.37　下から9行目
[誤]　式 (3.85) のように…
[正]　式 (3.89) のように…

p.39　下から7行目
[誤]　(3.35)
[正]　(3.36)

p.39　下から5行目
[正]　（「(3.43) の」を削除）

1

p.43 下から4行目
[誤] ・・・の1/4に逆比例して・・・　　　　　　　　[正] ・・・の1/4乗に逆比例して・・・

p.47 式 (4.51)
[誤] $\cdots + \dfrac{\omega\omega_0\Gamma}{\omega^2-\omega_0^2}\right) \dot{x}(0) - \cdots$　　　　[正] $\cdots + \dfrac{\omega\omega_0\Gamma}{\omega^2-\omega_0^2}\sin\dfrac{\omega_0}{\omega}\pi\right) \dot{x}(0) - \cdots$

p.50 6行目
[誤] (4.4)　　　　　　　　　　　　　　　　　　[正] (4.7)

p.50 10行目
[誤] 一般解 (4.4) で $\gamma_1(t) = A\cos\omega t$ のとき
[正] 一般解 (4.4) で (a) $\gamma_1(t) = A\exp(-\alpha t)$ および (b) $\gamma_1(t) = A\cos\omega t$ のとき

p.50 11行目
[誤] $A = \omega = 1$　　　　　　　　　　　　　　　　[正] $A = \alpha = \omega = 1$

p.53〜54 式 (5.22), (5.23)
[正] (E を太字に修正)

p.56 下から4行目
[誤] 式 (1.8)　　　　　　　　　　　　　　　　　[正] 式 (1.7)

p.65 式 (6.23) の条件
[誤] $(\xi < x \leqq \ell)$　　　　　　　　　　　　　　　[正] $(\xi < x \leqq 1)$

p.96 下から5行目
[誤] これを解けば　　　　　　　　　　　　　　　[正] これを解けば，C を積分定数として

p.113 式 (q10.1) (A, B を太字に修正)
[誤] $\dfrac{d}{dt}x = Ax + Bu$　　　　　　　　　　　　[正] $\dfrac{d}{dt}x = \boldsymbol{A}x + \boldsymbol{B}u$

p.113 式 (q10.2), (q10.3) (A, B を太字に修正)
[誤] A, B　　　　　　　　　　　　　　　　　　[正] $\boldsymbol{A}, \boldsymbol{B}$

p.114 式 (A.5)
[誤] $= \cdots + \boldsymbol{A}(t)\boldsymbol{B}'$　　　　　　　　　　　　[正] $= \cdots + \boldsymbol{A}(t)\boldsymbol{B}'(t)$

2

p.114 式 (A.6)
[誤] $= -A(t)^{-1}A'(t)A^{-1}$
[正] $= -A(t)^{-1}A'(t)A^{-1}(t)$

p.115 式 (A.10) （Eを太字に修正）
[誤] $= E + \cdots$
[正] $= \boldsymbol{E} + \cdots$

p.118 式 (B.5) の条件
[誤] $(\xi < x \leqq \ell)$
[正] $(\xi < x \leqq 1)$

p.119 表 (C.1) $F[s]$ の3番目
[誤] $\dfrac{n!}{t^{n+1}}$
[正] $\dfrac{n!}{s^{n+1}}$

p.122 式 (D.12)
[誤] $[1 - h(\alpha_{11} + \alpha_2 2)]f_y + \cdots$
[正] $[1 - h(\alpha_{11} + \alpha_{22})]f_y + \cdots$

p.133 式 (s1.18) 右辺
[誤] $= \cos\omega_0 t + \dfrac{1}{\omega_0}\sin\omega_0 t$
[正] $= x(0)\cos\omega_0 t + \dot{x}(0)\dfrac{1}{\omega_0}\sin\omega_0 t$

p.133 式 (s1.19) 右辺
[誤] $= -\omega_0\sin\omega_0 t + \cos\omega_0 t$
[正] $= -x(0)\omega_0\sin\omega_0 t + \dot{x}(0)\cos\omega_0 t$

p.134 5行目
[誤] $= \alpha^{n+1} + \cdots$
[正] $= \alpha^{n+1}x(0) + \cdots$

p.134 式 (s1.28)
[誤] $= \lambda\Delta C(t)$
[正] $= \lambda\Delta t C(t)$

p.137 下から9行目
[誤] $\vec{X}^j (j=1,2)$ を並べて$\cdots$
[正] $\vec{X}^{(j)} (j=1,2)$ を並べて$\cdots$

p.143 式 (s4.4) の下
[誤] $\cdots = A = \omega = 1$
[正] $\cdots = A = \alpha = \omega = 1$

p.175 5行目
[誤] 式 (9.18), (9.19)
[正] 式 (9.20), (9.21)

p.180 式 (s10.41) （矢印をとって太字に修正）
[誤] $\vec{B}$
[正] $\boldsymbol{B}$

まえがき

　微分方程式の解法を学習・習得するのはたいへん難しいといわれている。しかし、一方で実在のさまざまな応用分野における学問の精緻化の現状を考えると高度な知識を短期間で習得することが要求されている。特に工学の諸分野では多変量の定数係数のモデルがMATLABなどの数式処理ソフトウェアを用いて解析されることが多くなってきており、また、大規模な多変量システムモデルの数値解析も必須の素養として定着している。実学とのギャップは増大の一途をたどっており、この現状を打開するために初等的な微分積分や線形代数の知識で読み通せる微分方程式の教科書が欲しいが、適当なものは必ずしも多くない。

　この本は1学期間の10コマ程度の講義とそれに付随した10回程度の演習で終了する分量を念頭に、上記のような工学で要請されている基礎知識を与えるよう準備したものである。章末の演習問題は講義と対応した内容であり、解法の考え方や解の導出過程をわかりやすく初等的な方法で詳しく示してある。また、同じ微分方程式の解を異なるいくつかの方法で導出してみせている。これは、解法は唯一でなく、「異なる解法を呈示することは高度な微分方程式の数理、数値解析に関する重要な知見と指針に関する情報を与える」ことを読者に認識してもらうためである。学生諸君は、演習問題を必ず自分で考えて解いてみてから答えを確認していただきたい。

　偏微分方程式にも言及したが、空間1次元の問題に限定し、工学で必須の「境界のあるシステム」の解法にもページを割いて説明している。高度で特殊な微分方程式や空間高次元の偏微分方程式などの紹介やその解き方は分量や応用に関する汎用性を配慮して割愛した。主として工学分野で現れる定数係数の微分方程式の解き方や、拡散と波動現象の物理的・数学的背景が身に付くように配慮している。計算を実行し、解法の考え方を確認しながら通読すれば、線

形代数,ラプラス変換,フーリエ変換,数値解析,差分法,微分・差分方程式など,工学の応用解析に必要な基礎知識をこれ1冊で身に付けることができる。また,本格的な微分方程式や確率微分方程式の数値解析などの教科書を読む前に通読すれば,理解の大きな助けとなると信ずる。

2004 年 8 月

金野　秀敏

目　次

1. 微分方程式と差分方程式

1.1 ニュートンの方程式 *1*
1.2 実在のシステムのモデル化 *2*
1.3 差分方程式によるモデル化 *3*
1.4 差分方程式の解 *5*
1.5 ま と め *6*
演 習 問 題 *8*

2. 定数係数の微分方程式

2.1　1階の微分方程式 *9*
　2.1.1　斉次微分方程式の解法 *9*
　2.1.2　非斉次微分方程式の解法 *11*
2.2　2階の微分方程式 *12*
　2.2.1　差分方程式の行列解法 *13*
　2.2.2　連続変数極限 *16*
　2.2.3　非斉次方程式の形式解 *17*
　2.2.4　単振り子の例 *18*
2.3　ま と め *21*
演 習 問 題 *21*

3. *N* 階微分方程式の解法

3.1　3階の微分方程式 *23*
3.2　4階の微分方程式 *28*
3.3　2質点の連成振動 *30*
3.4　*N* 階の微分方程式 *33*
3.5　ま と め *36*
演 習 問 題 *39*

4. 変数係数の微分方程式

- 4.1 1階の変数係数微分方程式 40
- 4.2 2階の変数係数微分方程式 41
- 4.3 線形安定性 44
- 4.4 ま と め 48
- 演 習 問 題 50

5. ラプラス変換・フーリエ変換による解法

- 5.1 ラプラス変換による解法 51
- 5.2 フーリエ変換による解法 56
- 5.3 まとめと応用例 58
- 演 習 問 題 60

6. 境界値問題の解法

- 6.1 境 界 値 問 題 61
- 6.2 最も簡単な例題 62
- 6.3 糸の変位と梁のたわみ 63
- 6.4 前節の問題の別解 65
- 6.5 まとめと応用例 66
- 演 習 問 題 68

7. 偏微分方程式の解法 I

- 7.1 拡散方程式 I 70
- 7.2 拡散方程式 II 72
- 7.3 拡散方程式 III 75
- 7.4 ま と め 77
- 演 習 問 題 78

8. 偏微分方程式の解法 II

- 8.1 波動方程式 I 80
- 8.2 波動方程式 II 83
- 8.3 波動方程式 III 85

8.4 まとめと応用例	86
演 習 問 題	89

9. 数値解法の基礎

9.1 基本的な差分化法	91
9.2 高度な差分化法が必要な理由	93
9.3 生存競争の方程式の差分化	96
9.4 偏微分方程式の差分化 I	97
9.5 偏微分方程式の差分化 II	100
9.6 まとめと応用例	101
演 習 問 題	102

10. リカッチ方程式の解法

10.1 リカッチ方程式	103
10.2 リカッチの微分方程式の従属変数変換	105
10.3 行列リカッチ方程式とその解	107
10.4 応 用 例	108
演 習 問 題	112

付録　便利な公式集	114
引用・参考文献	130
演 習 問 題 詳 解	131
索　　　　引	182

1 微分方程式と差分方程式

1.1 ニュートンの方程式

高校物理や大学教養教育では，質点の運動 (投げ上げ，自由落下，天体運動，振り子，ばねにつながれた質点の振動など) が取り上げられることが多い。この理由はそれらがニュートン†の運動方程式（古典力学）

$$m\,(質量[\mathrm{kg}]) \times a(加速度[\mathrm{m/s}^2]) = F(力[\mathrm{N}]) \tag{1.1}$$

でよく記述されることがわかっているからである。加速度は速度の微分，位置の2階微分である。

$$a = \frac{d^2x}{dt^2} = \frac{dv}{dt} \tag{1.2}$$

$$v = \frac{dx}{dt} \tag{1.3}$$

ニュートンの運動方程式は，実は微分方程式 (differential equation) である。式 (1.1) は普通の微分 (1.2)，(1.3) で表現されているので，**常微分方程式** (ordinary differential equation) と呼ばれている。大学の教養課程では上記の運動の解析のほか，剛体の運動，質点系の運動などの重心の運動として置き換えられ，解析が簡単に可能な事例のみに限定して学習を行っている。

---

† Isaac Newton：英国の物理学者・数学者・天文学者 (1642-1727)

1.2 実在のシステムのモデル化

しかし，自然・人工物，経済社会現象，生命・化学現象の動的な挙動の解析は力学の解析だけで済むような簡単なものではなく，一般に複雑で難しい。複雑で難しい原因は，現象の本質に電磁現象や化学反応ネットワークなどが複雑にからみ合って現れるためであり，また，基礎となる微分方程式がニュートンの運動方程式から導かれるものとは異なり，質点の運動として解析することが困難であることによる。

学生諸君の頭に電極を着けて脳波を測定すると，時間とともに変動する脳波が観測される。脳波は脳内での情報処理に伴う電流が流れることが原因で出現する電磁波であり，基本的には電磁気学で学習するマクスウェル[†]の方程式から導出される電磁場 $E(x,t)$ に関する波動方程式

$$E_{tt} - v^2 E_{xx} = 0 \tag{1.4}$$

(v は電磁波の速度) を用いて解析できる。ただし，変数 E の下付き記号 $_{tt}$ は偏微分

$$\frac{\partial^2}{\partial t^2} \tag{1.5}$$

を表す (以下，簡単のためにこの記号を使用する)。

さらに，この脳内に流れる電流の起源をたどっていくと，脳内で起こっている超複雑な分子化学反応ネットワークの存在に行き当たる。超複雑な分子化学反応ネットワークを支えているのは，脳内に複雑に張り巡らされている毛細血管とさまざまな血流の輸送や拡散現象である。すなわち，拡散方程式

$$c_t - D c_{xx} = 0 \tag{1.6}$$

(D は拡散定数) や輸送方程式

$$u_t + u u_x = K u_{xx} \tag{1.7}$$

[†] James Clerk Maxwell：英国の物理学者 (1831〜1879)

と呼ばれる**偏微分方程式** (partial differential equation) で表現される現象がシステムの動的挙動を支配している。このような偏微分方程式は，天気予報で雲の動きの予測，煙突から排出される汚染物質の広がりの予測，放射性廃液や廃棄物の地中への浸透の問題の予測や制御などにも利用されている。

式 (1.4), (1.6), (1.7) のような偏微分方程式を用いることによって，工学分野に現れる多くの問題について時間，空間変動の詳細な解析をすることが可能になる。式 (1.4)～(1.7) では簡単のために空間 1 次元としたが，一般には 3 次元空間内の運動になるから式 (1.4)～(1.7) の空間微分

$$u_{xx} = \frac{\partial^2}{\partial x^2} u \qquad (1.8)$$

は

$$\nabla^2 \vec{u} \equiv \left(\frac{\partial^2}{\partial x^2} + \frac{\partial^2}{\partial y^2} + \frac{\partial^2}{\partial z^2} \right) \vec{u} \qquad (1.9)$$

などのように 3 次元のラプラシアン ∇^2 に，スカラ u はベクトル $\vec{u}$ に変更する必要がある。

$$\vec{u} = \vec{i} u_1 + \vec{j} u_2 + \vec{k} u_3 \qquad (1.10)$$

ここで，$\vec{i}, \vec{j}, \vec{k}$ はそれぞれ x, y, z 方向の単位ベクトル，u_1, u_2, u_3 は速度の x, y, z 成分である。

偏微分方程式によるモデル化には解析する対象が複雑な構造をもっている場合や，現象を支配する動的変数の数が増えると，一般に解析が困難になる場合が多い。

1.3 差分方程式によるモデル化

このような複雑な現象のモデル化や解析には，計算や解析を容易にするために，主要な動的変数のみに注目し，**差分方程式** (difference equation) に基づいた解析が行われる場合がある。差分方程式の簡単な例をつぎに示す。

$$x(m+1) = f(x(m)) \qquad (1.11)$$

ここで，m は整数であり，$f(x)$ は任意の x についての関数である．このような方程式の場合，PC(personal computer) を用いて $x(m)$ の m の増加に伴う変化を計算するのは簡単である．初期値 $x(0)$ を与えると，$x(1)$ が求まり，つぎにこれを式 (1.11) に代入すると $x(2)$ が求まる．この操作を繰り返すと $x(m)$ が求まることがわかる．

式 (1.11) の $f(x)$ は任意の関数としたが，具体的に

$$f(x) = Ax(1-x) \tag{1.12}$$

と置いてみると，式 (1.11) は，人口や生物の増殖の様子が記述可能な方程式として非常に有名なロジスティック (Logistic) 方程式になる．常微分方程式で表したロジスティックモデルは

$$\frac{d}{dt}N(t) = \alpha N(t) - \beta N^2(t) \tag{1.13}$$

と書ける．上記の差分モデル (1.11) との対応関係を明確にするために，この常微分方程式を差分化することを考えよう．時間微分の定義は

$$\frac{dN(t)}{dt} = \lim_{\Delta t \to 0} \frac{N(t+\Delta t) - N(t)}{\Delta t} \tag{1.14}$$

であるが，ここでは式 (1.14) の微分を無限小の極限をとらないもので近似してみよう．

$$\frac{dN(t)}{dt} \equiv \frac{N(t+\Delta t) - N(t)}{\Delta t} \tag{1.15}$$

このような近似を (単純) 差分近似と呼ぶ．式 (1.15) を式 (1.13) に代入して $t = m\Delta t$ と置き，$N(t)$ を $N(m)$ と表すことにしてつぎのように書き換える．

$$N(m+1) = (1+\alpha\Delta t)N(m)\left(1 - \frac{\beta\Delta t}{1+\alpha\Delta t}N(m)\right) \tag{1.16}$$

ここで

$$x(m) \equiv \frac{\beta\Delta t}{1+\alpha\Delta t}N(m), \quad A = 1+\alpha\Delta t \tag{1.17}$$

と置けば，式 (1.16) は式 (1.11) で非線形関数を式 (1.12) によって与えたものに一致する．

$$x(m+1) = Ax(m)(1-x(m)) \tag{1.18}$$

微分を差分で置き換えたとき,「もとの常微分方程式の解と差分方程式の解はどの程度の違いがあるのか？」については本章末の演習問題や9章などで検討する.

式 (1.12) と類似の上に凸の関数として

$$f(x) = \frac{ax}{1+bx} - cx \qquad (1.19)$$

(ただし, a, b, c は正の定数) のようなものも考えられており, 豆類に付くアズキゾウムシやヨツモンマメゾウムシの個体変動がこの関数を使ったモデルで解析されている.

1.4 差分方程式の解

式 (1.16) で $\beta = 0$ の場合を考えよう.

$$N(m+1) = (1 + \alpha \Delta t) N(m) \qquad (1.20)$$

これは単純な漸化式であるから, 次数を下げていけば解がつぎのように求まる.

$$N(m) = (1 + \alpha \Delta t)^m N(0) \qquad (1.21)$$

$t = m \Delta t$ および指数関数の定義

$$\lim_{m \to \infty} \left(1 + \frac{\alpha t}{m}\right)^m = \exp(\alpha t) \qquad (1.22)$$

に注意すれば, 式 (1.21) で $\Delta t \to 0$ の極限をとって

$$N(t) = N(0) \exp(\alpha t) \qquad (1.23)$$

が得られる. 一方, $\beta \neq 0$ の場合には式 (1.16) あるいは式 (1.18) のように変形すれば, 初期値 $N(0)$ から出発して逐次代入により, $N(m)$ の値を数値的に求めることは容易である.

1.5 ま と め

(1) さまざまなシステムや現象の時間変動や空間変動のモデル化には微分方程式や差分方程式が用いられることが多い。

(2) 微分は差分で近似してもよく近似できる場合がある。差分モデルはPCでの計算が簡単に実行可能なので，適用範囲をよく考えて上手に利用するとよい。

(3) この講義では，微分方程式や差分方程式の解法に関する基本的な考え方について学ぶ。

　　コーヒーブレイク

カオスの厳密解

本章でも紹介したロジスティック方程式を差分化したモデル

$$x(n+1) = ax(n)(1-x(n)) \tag{1}$$

では a の値をある値より大きくとり，初期条件 $x(0)$ を与えて $x(1)$, $x(2)$, ... と逐次計算していくとカオスが出現する場合があることはよく知られている。**図1**には a をいくつか変化させていったときの $x(n)$ の値を n の関数として描いた。**図2**には $a=4$ の場合の非線形関数 $f(x) = 4x(1-x)$ の関数型を示す。カオスは，力学から生ずる確率的にしかとらえられないランダムな運動であるが，この $a=4$ のときには厳密な解析解が存在する。

$$x(n) = \sin^2(2^n \sin^{-1}\sqrt{x_0}) \tag{2}$$

カオスなのに解析解が得られることに納得できない諸君は，本当にランダムであるかPC上で確かめるとよい。ただし，そのままこの解を数値化して図示しようとすると 2^n は $n > 32$ になるとPCで扱える大きな数の上限 (2^{32}) を超えるので，出てきた値は発散してけた落ちするため，信用できないので注意が必要である。通常は，初期条件 $x(0)$ を与え $x(1)$, $x(2)$, ... と逐次1ステップ前の値を代入して近似数値解を求めていく方法がとられる。PCでの数値計算には誤差がつきものであると心得て欲しい。カオスを生成する離散モデルで，厳密解が存在するものは数多く見つかっている。

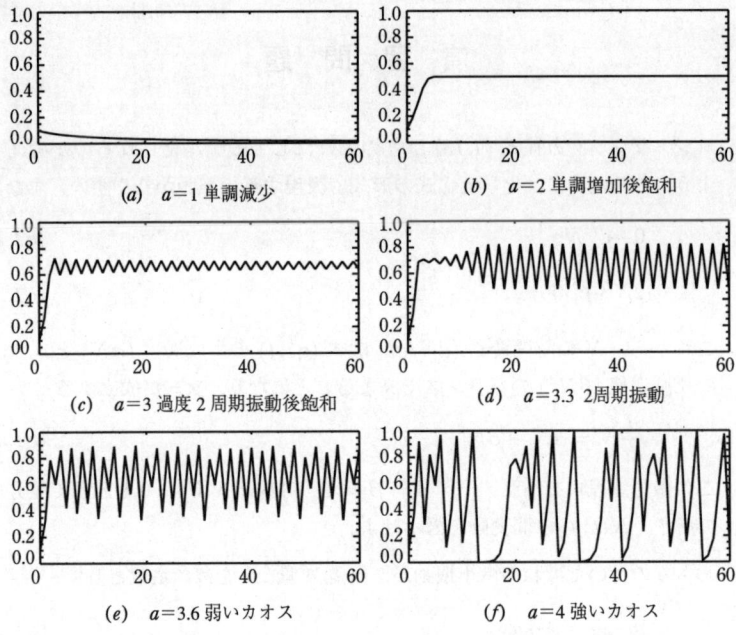

図 1 分岐パラメータの a の値の変化に伴う振動状態の変化の様子(横軸は時間(任意単位),縦軸は $x(n)$)

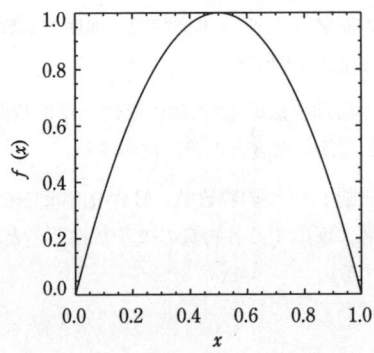

図 2 分岐パラメータが $a = 4$ のときの非線形関数 $f(x) = 4x(1-x)$ の形状

演習問題

1.1 ロジスティック方程式 (1.13) はどのようにしてモデル化されるのか考えてみよう．このためには化学反応式の形式で表現するのがわかりやすい．すなわち

$$0 \xrightarrow{\alpha} N \qquad (q1.1)$$

$$2N \xrightarrow{\beta} 0 \qquad (q1.2)$$

これから，N の時間変動 (dN/dt) は式 (q1.1) の生成過程 (αN) と式 (q1.2) の死滅過程 (βN^2) のバランスで決まることになり，次式が成立する：

$$\frac{d}{dt}N = \alpha N - \beta N^2 \qquad (q1.3)$$

この微分方程式をパラメータ $\alpha = \beta = 1$，初期値 $N(0) = 0.1$ として差分化して解き，$N(t)$ の時間変動を図示せよ．

1.2 おもりの付いたばねの微小振動が，m を質量，k をばね定数として

$$m\frac{d^2 x}{dt^2} = -kx \qquad (q1.4)$$

でモデル化されることを示せ．また，差分化の方法用いてこの方程式を解き，運動の様子を図示せよ．

1.3 つぎの三つの法則に対する微分方程式を導け．

(1) 放射性元素の崩壊の法則：「単位時間に崩壊する放射性物質の割合は，その物質の現在量に比例する．」

(2) ニュートンの冷却の法則：「物体の温度が単位時間内に変化する割合は，物体の温度と周囲の温度との差に比例する．」

(3) 化学反応の法則：「二つの物質 A，B が化学反応をする $(A + B \to C)$ とき，単位時間に反応する各物質のモル数はそのときの各物質の未反応モル数に比例する．」

2 定数係数の微分方程式

2.1 1階の微分方程式

2.1.1 斉次微分方程式の解法

ニュートンの方程式は質量×加速度が力に比例するという法則を表現しているが，これを運動量

$$p = mv \tag{2.1}$$

に関する方程式とみなすと

$$\frac{d}{dt}p = F \tag{2.2}$$

と表現することができ，運動量 p に関する1階の微分方程式ともみなせる．運動量 p をもつ質点の運動を引き戻すような力が運動量に比例するものであれば

$$\frac{d}{dt}p = -\gamma p \tag{2.3}$$

と表現することができる。γ が時間によらない定数の場合には，式 (2.3) は定数係数の常微分方程式となり初等的な方法で解くことができる。

式 (2.3) はつぎのようにも表現することができる。

$$\frac{dp}{p} = -\gamma dt \tag{2.4}$$

γ が定数であるから，p と t が左辺と右辺に分離されている。このような格好の方程式を**変数分離型**という。両辺を初期時刻 t_0 から終期時刻 t まで積分することにすると p に関する積分の下限と上限はそれぞれ $p(t_0)$ と $p(t)$ になる。

$$\int_{p(t_0)}^{p(t)} \frac{dp}{p} = -\int_{t_0}^{t} \gamma dt \tag{2.5}$$

積分を実行すれば

$$\log p(t) - \log p(t_0) = -\gamma(t - t_0) \tag{2.6}$$

となる．よって，式 (2.3) の解は

$$p(t) = \exp(-\gamma(t - t_0))p(t_0) \tag{2.7}$$

ここで，$t_0 = 0$ と置けば，$p(t) = \exp(-\gamma t)p(0)$ となる．これから運動量は指数的に減衰することがわかる．以下では初期値 $t_0 = 0$ と置いた取扱いをする．

一般に式 (2.2) で F が運動量 p のみの関数である場合

$$\frac{d}{dt}p = F(p) \tag{2.8}$$

変数分離はつねに可能．

$$\int_{p(0)}^{p(t)} \frac{dp}{F(p)} = \int_0^t dt = t \tag{2.9}$$

であるから初等積分が式 (2.9) の左辺で実行可能であれば解が解析的に求められることになる．

1.3 節ではロジスティック方程式

$$\frac{d}{dt}N = \alpha N - \beta N^2 \tag{2.10}$$

を紹介した．これは非線形の方程式であるが，変数分離可能であるから解析解が求められる．このモデルは人口や生物の個体数が時間的に変化する推移状況を表現する．実際，変数分離して積分を実行すると

$$\int_{N(0)}^{N(t)} \frac{1}{N(\alpha - \beta N)} = \int_0^t dt = t \tag{2.11}$$

被積分関数を部分分数に分解すると

$$\frac{1}{N(\alpha - \beta N)} = \frac{1}{\alpha}\frac{1}{N} + \frac{\beta}{\alpha}\frac{1}{\alpha - \beta N} \tag{2.12}$$

となるから積分公式

$$\int \frac{1}{ax + b}dx = \frac{1}{a}\log|ax + b| \tag{2.13}$$

に注意すれば

$$\log N(t) - \log N(0) - \log|\alpha - \beta N(t)| + \log|\alpha - \beta N(0)| = \alpha t \tag{2.14}$$

$$\therefore \quad \frac{N(t)/N(0)}{|\alpha - \beta N(t)|/|\alpha - \beta N(0)|} = \exp(\alpha t) \tag{2.15}$$

さらに，これを $N(t)$ について整理すれば解は

$$N(t) = \frac{1}{\dfrac{\beta}{\alpha} + \left(\dfrac{1}{N(0)} - \dfrac{\beta}{\alpha}\right)\exp(-\alpha t)} \tag{2.16}$$

これから，初期値 $N(0)$ が定常値 $N_s = \alpha/\beta$ からのずれの分だけ指数的に緩和することがわかる。式 (2.10) を変数変換して線形微分方程式に帰着させて解く方法は演習問題 **2.1** で行う。

2.1.2 非斉次微分方程式の解法

さて，$F(p)$ の場合を考えたが F が p のみの関数ではなく

$$F(p,t) = -\gamma p + f(t) \tag{2.17}$$

となっている場合を考えよう。$f(t)$ の項がないときは**斉次微分方程式**と呼ばれるが，$f(t)$ があるとき，これを非斉次項（あるいは，外力項）と呼び，そのときの方程式を**非斉次微分方程式**と呼ぶ。

式 (2.3) に $f(t)$ が加わり，それが一定値 f_0 をとる場合を考えよう。

$$\frac{d}{dt}p = -\gamma p + f_0 \tag{2.18}$$

このとき，解を f_0 が存在しない場合と同じ形

$$p(t) = \exp(-\gamma t) C(t) \tag{2.19}$$

に仮定するが $C(t)$ は定数ではなく，時間の関数であると考える。このような解の探索法を**定数変化法**と呼ぶ。式 (2.19) を式 (2.18) に代入して整理するとつぎのようになる。

$$\frac{d}{dt}C(t) = f_0 \exp(\gamma t) \tag{2.20}$$

簡単な積分はすぐに実行でき $C(t) = p(0) + f_0(\exp(\gamma t) - 1)/\gamma$ となるから

$$p(t) = \exp(-\gamma t)p(0) + \frac{f_0}{\gamma}(1 - \exp(-\gamma t)) \tag{2.21}$$

となる。差分化して解く方法は演習問題 **2.2** にゆだねる。

$f(t)$ が定数でなく一般の時間の関数になっている場合も取扱いは同様であり，$C(t)$ を決める方程式は

$$C(t) = C(0) + \int_0^t f(\tau) \exp(\gamma \tau)\, d\tau \tag{2.22}$$

となる。初期条件から，$C(0) = p(0)$ であることが確かめられる。すなわち，一般解は

$$p(t) = \exp(-\gamma t)p(0) + \int_0^t \exp(-\gamma(t-\tau))\, f(\tau)\, d\tau \tag{2.23}$$

となる。

2.2　2階の微分方程式

演習問題 **1.2** で実行した調和振動子はニュートンの方程式で，質点の変位運動に伴うばねの復元力が変位に比例するような引き戻す力であった。その結果，ニュートンの方程式を変位についての式とみると

$$m\frac{d^2}{dt^2}x = -kx \tag{2.24}$$

となり，時間についての2階の微分方程式となった。質点が机の上に置かれている場合を想定し，速度に比例するような摩擦抵抗を受けることも考慮すると

$$m\frac{d^2}{dt^2}x = -kx - \rho\frac{d}{dt}x \tag{2.25}$$

と表現することができる。さて，2階の微分方程式を初等的に解くにも差分化の方法を使えばよいことは演習問題 **1.2** で学習したとおりである。このために式 (2.25) の調和振動子を $\eta = \rho/m$，$\omega_0^2 = k/m$ として

$$\frac{d^2}{dt^2}x + \eta\frac{d}{dt}x + \omega_0^2 x = 0 \tag{2.26}$$

と書き換えれば，差分化された方程式は

$$\frac{x(m+1)-2x(m)+x(m-1)}{(\Delta t)^2}+\eta\frac{x(m)-x(m-1)}{\Delta t}$$
$$+\omega_0^2 x(m-1)=0 \tag{2.27}$$

となる。これを漸化式に直すと

$$x(m+1)+(-2+\eta\Delta t)x(m)+(1-\eta\Delta t+\omega_0^2(\Delta t)^2)x(m-1)=0 \tag{2.28}$$

と表現されるので，調和振動子を解いたときと同様の計算で解析解が求められる（演習問題 **2.3** 参照）。演習問題 **2.3** を具体的に解いてみるとわかるように摩擦が入っただけで計算がひどく煩雑になる。

2.2.1　差分方程式の行列解法

線形代数を援用した漸化式を用いると解がより簡単に求まることを示すためにまず，2階のスカラ微分方程式を1階のベクトル微分方程式に変換しよう。

$$\frac{d}{dt}\vec{Z}(t)=\boldsymbol{M}\vec{Z}(t) \tag{2.29}$$

ここで

$$\vec{Z}(t)=\begin{pmatrix} x(t) \\ v(t) \end{pmatrix} \tag{2.30}$$

$$\boldsymbol{M}=\begin{pmatrix} 0 & 1 \\ -\omega_0^2 & -\eta \end{pmatrix} \tag{2.31}$$

と書き換えて差分化してみよう。すると $\vec{Z}(t)$ を $\vec{Z}(m)$ に書き換えて

$$\vec{Z}(m+1)=(\boldsymbol{E}+\Delta t\boldsymbol{M})\vec{Z}(m) \tag{2.32}$$

のような漸化式が求まる（ここで，$\boldsymbol{E}$ は単位行列である）。よって，解は

$$\vec{Z}(m)=(\boldsymbol{E}+\Delta t\boldsymbol{M})^m\vec{Z}(0) \tag{2.33}$$

となる。ここで，$t=m\Delta t$ および行列に拡張した指数関数の定義を思い出そう。

$$\lim_{m\to\infty}\left(\boldsymbol{E}+\frac{t\boldsymbol{M}}{m}\right)^m=\exp(t\boldsymbol{M}) \tag{2.34}$$

これからただちに，連続変数での調和振動子の解は

$$\vec{Z}(t) = \exp(t\bm{M})\vec{Z}(0) \tag{2.35}$$

となることがわかる．後は指数関数の肩に乗っている行列をうまく取り扱って，これを行列要素に分解するだけである．

このようにして，離散変数の場合について解を求め，それの連続極限を行列形式で実行すると連続変数の**形式解** (2.35) が容易に得られることがわかった．しかし，行列の各成分が明瞭（りょう）な形で求まっていない．

この**明瞭解**を得るために，離散変数の形式解 (2.33) で解を離散化行列の各要素を計算してから極限をとることを考えよう．

$$\vec{Z}(m) = (\bm{E} + \Delta t \bm{M})^m \vec{Z}(0) = \hat{\bm{M}}^m \vec{Z}(0) \tag{2.36}$$

ここで

$$\hat{\bm{M}} \equiv \begin{pmatrix} 1 & \Delta t \\ -\omega_0^2 \Delta t & 1 - \eta \Delta t \end{pmatrix} \tag{2.37}$$

この行列の m 乗を計算するために，$\bm{P}$ を正則行列 ($\bm{P}\bm{P}^{-1} = \bm{P}^{-1}\bm{P} = \bm{E}$) として

$$\begin{aligned}\hat{\bm{M}}^m &= \bm{E}\hat{\bm{M}}^m \bm{E} = \bm{P}\bm{P}^{-1}\hat{\bm{M}}^m \bm{P}\bm{P}^{-1} \\ &= \bm{P}(\bm{P}^{-1}\hat{\bm{M}}\bm{P})\cdots(\bm{P}^{-1}\hat{\bm{M}}\bm{P})\bm{P}^{-1} = \bm{P}(\bm{P}^{-1}\hat{\bm{M}}\bm{P})^m \bm{P}^{-1}\end{aligned} \tag{2.38}$$

と表現することができる．いま，$\bm{P}$ は正則性しか要請していないので，$\bm{P}$ の行列要素の値は決まっていないことに注意する．上式で行列 ($\bm{P}^{-1}\hat{\bm{M}}\bm{P}$) が対角行列になるように適切な $\bm{P}$ を決めることを考える．$\hat{\bm{M}}$ が与えられているとき

$$\bm{P}^{-1}\hat{\bm{M}}\bm{P} = \bm{\Lambda} = \begin{pmatrix} r_1 & 0 \\ 0 & r_2 \end{pmatrix} \tag{2.39}$$

となるような行列の変換を線形代数では**相似変換**と呼んでいる．実際，r_1, r_2 は行列 $\hat{\bm{M}}$ の固有値である．すなわち，これらは行列式 $|\hat{\bm{M}} - r\bm{E}| = 0$ の根である．

より具体的に表現するとつぎのように書ける．

$$\begin{vmatrix} 1-r & \Delta t \\ -\omega_0^2 \Delta t & 1-\eta\Delta t - r \end{vmatrix} = 0 \tag{2.40}$$

これを代数方程式の形で表現するとつぎのような r に関する2次方程式となる。

$$r^2 - (2-\eta\Delta t)r + 1 + \omega_0^2(\Delta t)^2 - \eta\Delta t = 0 \tag{2.41}$$

$\omega_0 > \eta/2$ の場合[†]

$$r_1 \equiv r_+ = 1 + \Delta t\left(-\frac{\eta}{2} + i\Omega_0\right) \tag{2.42}$$

$$r_2 \equiv r_- = 1 + \Delta t\left(-\frac{\eta}{2} - i\Omega_0\right) \tag{2.43}$$

ここに

$$\Omega_0 = \sqrt{\omega_0^2 - \left(\frac{\eta}{2}\right)^2} \tag{2.44}$$

である。この固有値の絶対値を計算してみると

$$|r_\pm| = \sqrt{1 - \eta(\Delta t) + \omega_0^2(\Delta t)^2} \tag{2.45}$$

となって散逸係数 η と共振周波数 ω_0 の大小関係によって1より大きくなる場合と小さくなる場合があることがわかる。1より小さくなる条件

$$|r_\pm| < 1 \tag{2.46}$$

を満たすためには

$$\Delta t < \frac{\eta}{\omega_0^2} \tag{2.47}$$

となるように小さな時間きざみ幅 Δt を選んでおく必要がある。このように相似変換を満たす行列 $\boldsymbol{P}$ が見つかったならば

$$\hat{\boldsymbol{M}}^m = \boldsymbol{P}\begin{pmatrix} r_+^m & 0 \\ 0 & r_-^m \end{pmatrix}\boldsymbol{P}^{-1} \tag{2.48}$$

となって行列要素を具体的に書き下すことができる。

相似変換を満足する $\boldsymbol{P}$ は式 (2.39) からつぎのように決まる。

[†] $\omega_0 = \eta/2$, $\omega_0 < \eta/2$ の場合の計算は読者の演習とする。

$$P = \begin{pmatrix} 1 & 1 \\ \dfrac{r_+ - 1}{\Delta t} & \dfrac{r_- - 1}{\Delta t} \end{pmatrix} \tag{2.49}$$

これを式 (2.38) に用いて

$$\hat{M}^m = P\Lambda^m P^{-1}$$

$$= \begin{pmatrix} \dfrac{(r_+^m - r_-^m) + r_+ r_-^m - r_+^m r_-}{r_+ - r_-} & \dfrac{\Delta t(r_+^m - r_-^m)}{r_+ - r_-} \\ \dfrac{-\omega_0^2 \Delta t(r_+^m - r_-^m)}{r_+ - r_-} & \dfrac{-(r_+^m - r_-^m) + r_+^{m+1} - r_-^{m+1}}{r_+ - r_-} \end{pmatrix} \tag{2.50}$$

これは式 (2.36) に代入すれば，各行列要素の成分が具体的に求まっており，差分方程式の明瞭解を与える。

2.2.2 連続変数極限

ここで，指数関数の定義

$$\lim_{m \to \infty} r_\pm^m = \exp\left(\left(-\frac{\eta}{2} \pm i\Omega_0\right) t\right) \tag{2.51}$$

および，関係式

$$r_+ r_-^m - r_+^m r_- = i\Omega_0 \Delta t(r_+^m + r_-^m) + \frac{\eta}{2}(r_+^m - r_-^m)\Delta t \tag{2.52}$$

$$r_+^{m+1} - r_-^{m+1} = i\Omega_0 \Delta t - \frac{\eta}{2}(r_+^m - r_-^m)\Delta t \tag{2.53}$$

さらに，$r_+ - r_- = 2i\Omega_0(\Delta t)$ に注意すれば，連続時間での極限 $\Delta t \to 0$ では固有値 Λ，固有ベクトルからつくった行列 P がそれぞれ

$$\Lambda \Rightarrow \begin{pmatrix} \lambda_1 & 0 \\ 0 & \lambda_2 \end{pmatrix}, \quad P \Rightarrow \begin{pmatrix} 1 & 1 \\ \lambda_1 & \lambda_2 \end{pmatrix} \tag{2.54}$$

となること

$$\vec{Z}(t) = \exp(Mt)\vec{Z}(0) \tag{2.55}$$

$$= \lim_{m \to \infty} (E + \Delta t M)^m \vec{Z}(0) \tag{2.56}$$

$$= \lim_{m \to \infty} \hat{M}^m \vec{Z}(0) \tag{2.57}$$

に注意してつぎの明瞭解が得られる。

$$\vec{Z}(t) = \begin{pmatrix} \cos\Omega_0 t + \dfrac{\eta}{2\Omega_0}\sin\Omega_0 t & \dfrac{1}{\Omega_0}\sin\Omega_0 t \\ -\dfrac{\omega_0^2}{\Omega_0}\sin\Omega_0 t & \cos\Omega_0 t - \dfrac{\eta}{2\Omega_0}\sin\Omega_0 t \end{pmatrix} \vec{Z}(0) \quad (2.58)$$

2.2.3 非斉次方程式の形式解

2.1.2 項では 1 階で 1 変数の非斉次方程式に対する定数変化法を紹介した。ここでは 1 階のベクトル微分方程式 (2.29) に外力 $\vec{f}(t) = (f_1(t), f_2(t))^T$ が加わった型の非斉次微分方程式

$$\frac{d}{dt}\vec{Z} = \boldsymbol{M}\vec{Z} + \vec{f}(t) \quad (2.59)$$

の形式解について考えてみよう。

式 (2.19) のスカラ関数 $C(t)$ をベクトル関数 $\vec{C}(t)$ に拡張して

$$\vec{Z}(t) = \exp(\boldsymbol{M}t)\vec{C}(t) \quad (2.60)$$

と仮定してみる。これを式 (2.59) に代入すると

$$\exp(\boldsymbol{M}t)\frac{d}{dt}\vec{C}(t) = \vec{f}(t) \quad (2.61)$$

が得られる。$\boldsymbol{M}$ は行列であるから,左から $\exp(-\boldsymbol{M}t)$ を両辺に乗ずると

$$\frac{d}{dt}\vec{C}(t) = \exp(-\boldsymbol{M}t)\vec{f}(t) \quad (2.62)$$

が得られる。この両辺を時間について 0 から t まで積分すると

$$\vec{C}(t) = \vec{C}(0) + \int_0^t \exp(-\boldsymbol{M}\tau)\vec{f}(\tau)\,d\tau \quad (2.63)$$

初期条件から $\vec{C}(0) = \vec{Z}(0)$。よって,一般解として次式が得られる。

$$\vec{Z}(t) = \exp(\boldsymbol{M}t)\vec{Z}(0) + \int_0^t \exp(\boldsymbol{M}(t-\tau))\vec{f}(\tau)\,d\tau \quad (2.64)$$

のようになる。この右辺第 1 項目は斉次解であり,第 2 項目は特解に対応する。

この第 2 項目のような $\int g(t-\tau)f(\tau)\,d\tau$ の型の積分は**畳込み積分**と呼ばれるものであり,工学の諸分野で頻繁に現れる。行列要素 $\exp(\boldsymbol{M}t)$ の具体的表現が上記 (2.58) のように求まっており,$\vec{f}(t)$ が簡単な初等関数で与えられる場合には,式 (2.64) の右辺第 2 項目の各行列要素をそれぞれ積分することにより,一般解の明瞭解の初等関数表現も簡単に求められる。

2.2.4 単振り子の例

今度は振幅の小さな振り子ではなく，**図 2.1** のような大振幅を許すような単振り子を考えよう。振り子の質点の描く軌道の接線方向の運動方程式は

$$m\frac{d}{dt}v = -mg\sin\theta \tag{2.65}$$

また，速度 v と角度 θ の時間微分の間には振り子の糸の長さを ℓ として

$$v = \ell\frac{d\theta}{dt} \tag{2.66}$$

の関係がある。したがって，つぎのような2階の常微分方程式が得られる。

$$\frac{d^2}{dt^2}\theta = -\frac{g}{\ell}\sin\theta \tag{2.67}$$

微小振動の場合 $\sin\theta \approx \theta$ と近似可能であるのでこれが成立するとき調和振動子 (2.24) に一致する。

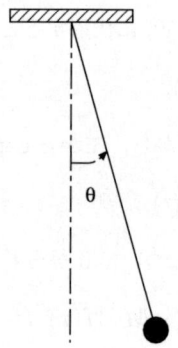

図 2.1 振り子の運動

両辺に $d\theta/dt$ を掛けて

$$\frac{1}{2}\frac{d}{dt}\left(\frac{d\theta}{dt}\right)^2 = -\frac{g}{\ell}\left(\frac{d\theta}{dt}\right)\sin\theta \tag{2.68}$$

これを時間について積分すると

$$\frac{1}{2}\left(\frac{d\theta}{dt}\right)^2 - \frac{g}{\ell}\cos\theta = C \tag{2.69}$$

ここで，C は積分定数である．速度が式 (2.48) で表現されることに注意すると式 (2.69) は運動エネルギーとポテンシャルエネルギーの和が一定，すなわちエネルギー保存の法則を表している．式 (2.69) で $\theta = 0$ すなわち最低点を通過するときの速度を v_0 とすると積分定数 C は

$$C = \frac{1}{2}\left(\frac{v_0}{\ell}\right)^2 - \frac{g}{\ell} \tag{2.70}$$

となるから，これを再び式 (2.69) に代入して整理すると次式が得られる：

$$\frac{1}{2}\left(\frac{d\theta}{dt}\right)^2 = \left(\frac{v_0}{\ell}\right)^2 - \frac{2g}{\ell}(1 - \cos\theta) \tag{2.71}$$

$(v_0/\ell)^2 \equiv 4gk^2/\ell$ と置き $1 - \cos\theta = 2\sin^2(\theta/2)$ に注意して

$$\frac{d\theta}{dt} = \pm 2\sqrt{\frac{g}{\ell}}\sqrt{k^2 - \sin^2\left(\frac{\theta}{2}\right)} \tag{2.72}$$

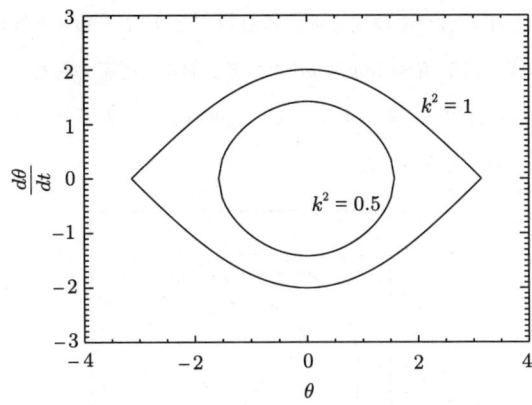

図 2.2 振り子の運動の 2 次元位相空間 $(\theta, \dot{\theta})$ における軌跡 $[-\pi \leqq \theta \leqq \pi]$ (母数 $k^2 = 1$ の場合と母数 $k^2 = 0.5$ の場合)

|コーヒーブレイク|

渦状の運動

自然界で多くの渦状運動が観測されている．宇宙では渦状銀河，木星の赤斑，地球上では台風，竜巻，鳴門海峡の渦，卑近なところでは風呂やトイレの出水口にできる渦，など枚挙にいとまがない．渦糸の運動は電磁気学でもおなじみのビオ・サバール

の方程式と類似の流体力学的な方程式で記述される．化学反応ではベローソフ・ジャボチンスキー (BZ) 反応が有名であるが，最近，心臓にも病気（心室細動など）の際には回転らせん波 (spiral wave) が生成されることが報告され，世界中で盛んに研究されている．

らせん，渦巻き線，スパイラルなどと呼ばれる平面曲線の多くは極座標により

$$r = f(\theta) \tag{3}$$

と表される．ただし，$f(\theta)$ は θ に関して単調な関数である．この中で，代表的な二つは

（i） アルキメデスのらせん (Archimedes' spiral)

$$r = a\theta \tag{4}$$

（ii） ベルヌーイのらせん (Bernoulli's spiral) (対数らせんとも呼ばれる)

$$r = k\exp(a\theta) \tag{5}$$

である．ベルヌーイのらせんの式で両辺に対数をとり $R = \ln r$ と置けば，アルキメデスのらせんの式と同型 $R = \ln k + a\theta$ となる．BZ 反応系のらせん波などでは，アルキメデスのらせんによってその形状がよく近似されることが知られている．図 **3** にはアルキメデスのらせんを示した．

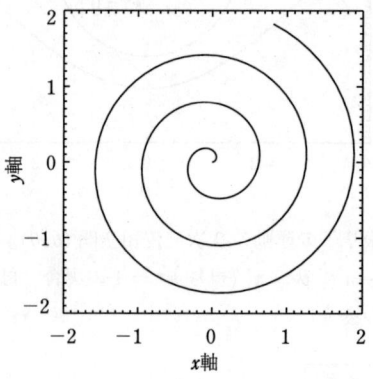

図 3 アルキメデスのらせん ($r = a\theta$)

これは変数分離でき

$$\int_0^\theta \frac{d\theta}{\sqrt{k^2 - \sin^2\left(\frac{\theta}{2}\right)}} = \pm 2\sqrt{\frac{g}{\ell}} \int_0^t dt = \pm 2\sqrt{\frac{g}{\ell}} t \quad (2.73)$$

となるので両辺の積分が解析的に実行できれば解が求められる。しかし，この積分は初等関数では表現できない。$k < 1$ のとき，解の存在は，2次元 $(\theta, \dot{\theta})$ 位相平面を考え式 (2.72) に対応する図を描くと容易に理解できる (図 2.2 参照)。式 (2.72) に対応する 2 次元 $(\theta, \dot{\theta})$ 位相平面を描き図 2.2 のようになることを確認するのは読者にゆだねる。

2.3 ま と め

(1) 定数係数の常微分方程式には外力のないもの (斉次型微分方程式) と外力のあるもの (非斉次型微分方程式) に分類される。
(2) 外力がないときの解は初期値に依存する。これは斉次解と呼ばれる。
(3) 一方，外力があるときの解は初期値に依存しない特解が存在する。
(4) 外力があるときの一般解は，式 (2.23) および式 (2.64) に示されているように斉次解と特解の和で表現される。
(5) 定数係数の常微分方程式にもいろいろな種類があり，2.2.4 項で示したような非線形の微分方程式 (単振り子) の場合には初等的な関数で解を表現することが難しい。しかし，解曲線の形状を図示することは比較的簡単であり，運動の様子を定性的に理解できる。

演 習 問 題

2.1 ロジスティック方程式

$$\frac{d}{dt} N = \alpha N - \beta N^2 \quad (q2.1)$$

につぎのような変数変換

$$N = \frac{1}{y} \tag{q2.2}$$

を行ってみよう。これを式 (q2.1) に代入すると

$$-\frac{1}{y^2}\frac{dy}{dt} = \alpha\frac{1}{y} - \beta\frac{1}{y^2} \tag{q2.3}$$

y^2 を両辺に掛けて符号を変更すると，線形の非斉次常微分方程式。

$$\frac{d}{dt}y = -\alpha y + \beta \tag{q2.4}$$

が得られる。これは定数項 β を非斉次項とする線形の常微分方程式である。2.1.2 項で紹介した定数変化法を用いて解を求め両者を比較せよ。

2.2 $f(t) = f_0$ の場合の非斉次方程式

$$\frac{d}{dt}p = -\gamma p + f_0 \tag{q2.5}$$

を漸化式法により解を求めよ。また，解の形がほかの解法によるものと一致することを確認せよ。

2.3 式 (2.28) の漸化式を使って，(2.25) の微分方程式

$$\frac{d^2}{dt^2}x + \eta\frac{d}{dt}x + \omega_0^2 x = 0 \tag{q2.6}$$

に対する差分方程式の解が式 (2.50) に一致すること示せ。

3
N 階微分方程式の解法

3.1 3階の微分方程式

2階の微分方程式を簡単のために時間微分を $\dot{x}$ で表して

$$\ddot{x} + \eta\dot{x} + \omega_0^2 x = f(t) \tag{3.1}$$

と表現する。初期条件は $(x(0), v(0))$ である。ここで，外力項 $f(t)$ が指数関数で減衰する場合

$$f(t) = f_0 \exp(-\gamma t) \tag{3.2}$$

を考えよう。

式 (3.1) は非斉次型に分類される微分方程式であるが $f(t)$ は 1 回微分すると

$$\dot{f} = -\gamma f \tag{3.3}$$

の型になっているので，式 (3.1) を微分し

$$\dddot{x} + \eta\ddot{x} + \omega_0^2 \dot{x} - \dot{f} = 0 \tag{3.4}$$

式 (3.1) と式 (3.2) を使って f および $\dot{f}$ を消去すると，つぎのような 3 階微分の方程式を得る。

$$\dddot{x} + (\eta + \gamma)\ddot{x} + (\omega_0^2 + \gamma\eta)\dot{x} + \gamma\omega_0^2 x = 0 \tag{3.5}$$

これを標準型の微分方程式と呼ぶ。この方程式も前節で示した差分化 (および漸化式) の方法で解くこともできる。しかし，行列を使った方法のほうが見通

しがよく好ましい。そこでここでも行列の方法で解いてみよう。すなわち

$$\dot{x} = y \tag{3.6}$$

$$\dot{y} = z \tag{3.7}$$

と置いて整理すればつぎの型になる。

$$\frac{d}{dt}\vec{X} = \frac{d}{dt}\begin{pmatrix} x \\ y \\ z \end{pmatrix} = \begin{pmatrix} 0 & 1 & 0 \\ 0 & 0 & 1 \\ -\gamma\omega_0^2 & -(\omega_0^2 + \gamma\eta) & -(\gamma + \eta) \end{pmatrix}\begin{pmatrix} x \\ y \\ z \end{pmatrix} \tag{3.8}$$

この型の係数行列はどこかで学習したことがあると考えている諸君もいるだろう。これは**シルベスター**(Silvester)**行列**と呼ばれるもので，多くの線形代数の教科書に記述されている。式 (3.8) の係数行列を M とすると，対応する固有値方程式はつぎの行列式のようになる。

$$|M - \lambda E| = 0 \tag{3.9}$$

式 (3.9) を展開するとつぎのような代数方程式となる。

$$\lambda^3 + (\eta + \gamma)\lambda^2 + (\omega_0^2 + \gamma\eta)\lambda + \gamma\omega_0^2 = 0 \tag{3.10}$$

式 (3.10) の左辺は因数分解でき $(\lambda + \gamma)(\lambda^2 + \eta\lambda + \omega_0^2)$ となるから特性根は

$$\lambda_{1,2} = -\frac{\eta}{2} \pm i\Omega_0, \quad \lambda_3 = -\gamma \tag{3.11}$$

ここに，$\Omega_0 \equiv \sqrt{\omega_0^2 - (\eta/2)^2}$ （以下では，$\omega_0 > \eta/2$ の場合の結果のみを示す）。これから外力に関係した固有値 $\lambda_3 = -\gamma$ は振動子のそれとはつねに独立であることがわかる。解 $x(t)$ は C_1, C_2, C_3 を未定係数として**基本解** $\exp(\lambda_1 t)$, $\exp(\lambda_2 t)$ および $\exp(\lambda_3 t)$ の線形和

$$x(t) = C_1 \exp(\lambda_1 t) + C_2 \exp(\lambda_2 t) + C_3 \exp(\lambda_3 t) \tag{3.12}$$

で表される。$y(t)$，$z(t)$ はこれをそれぞれ 1 回，2 回微分すればよいから

$$y(t) = \dot{x}(t) = \lambda_1 C_1 \exp(\lambda_1 t) + \lambda_2 C_2 \exp(\lambda_2 t) + \lambda_3 C_3 \exp(\lambda_3 t)$$

$$\tag{3.13}$$

3.1 3階の微分方程式

$$z(t) = \dot{y}(t) = \lambda_1^2 C_1 \exp(\lambda_1 t) + \lambda_2^2 C_2 \exp(\lambda_2 t) + \lambda_3^2 C_3 \exp(\lambda_3 t)$$
(3.14)

と表される。あとは，初期条件 $(x(0), \dot{x}(0), \ddot{x}(0))$ から未定係数を決めればよい。ここで，式 (3.2) より $f(0) = f_0$ は決まるが，$\ddot{x}(0)$ は与えられていなかった。そこで，式 (3.1) で $t = 0$ と置くことにより，$\ddot{x}(0)$ は次式で与えられる。

$$\ddot{x}(0) = f_0 - \eta \dot{x}(0) - \omega_0^2 x(0) \tag{3.15}$$

未定係数 C_1, C_2, C_3 は次式を解いて決められる。

$$\boldsymbol{L} \begin{pmatrix} C_1 \\ C_2 \\ C_3 \end{pmatrix} \equiv \begin{pmatrix} 1 & 1 & 1 \\ \lambda_1 & \lambda_2 & \lambda_3 \\ \lambda_1^2 & \lambda_2^2 & \lambda_3^2 \end{pmatrix} \begin{pmatrix} C_1 \\ C_2 \\ C_3 \end{pmatrix} = \begin{pmatrix} x(0) \\ \dot{x}(0) \\ f_0 - \eta \dot{x}(0) - \omega_0^2 x(0) \end{pmatrix} \tag{3.16}$$

C_1, C_2 は複素数となり，煩雑のように見えるが結果は

$$C_1 + C_2 = x(0) + \frac{-f_0}{\omega_0^2 + \gamma^2 - \gamma\eta} \tag{3.17}$$

$$C_1 - C_2 = -\frac{i}{\Omega_0}\left(\frac{\eta}{2} + v(0) - \frac{f_0\left(\frac{\eta}{2} - \gamma\right)}{\omega_0^2 + \gamma^2 - \gamma\eta}\right) \tag{3.18}$$

$$C_3 = \frac{f_0}{\omega_0^2 + \gamma^2 - \gamma\eta} \tag{3.19}$$

となる。よって，解 $x(t)$ はつぎのように表現されることに注意して

$$x(t) = (C_1 + C_2)\exp\left(-\frac{\eta t}{2}\right)\cos\Omega_0 t$$
$$+ i(C_1 - C_2)\exp\left(-\frac{\eta t}{2}\right)\sin\Omega_0 t + C_3 \exp(-\gamma t) \tag{3.20}$$

式 (3.17)〜(3.19) を式 (3.20) に代入して整理すると，解は最終的につぎのように表現される。

$$x(t) = \exp\left(-\frac{\eta t}{2}\right)\left(\cos\Omega_0 t + \frac{\eta}{2\Omega_0}\sin\Omega_0 t\right)x(0)$$
$$+ \exp\left(-\frac{\eta t}{2}\right)\left(\frac{1}{\Omega_0}\sin\Omega_0 t\right)v(0)$$
$$- \frac{f_0}{\omega_0^2 + \gamma^2 - \gamma\eta}\exp\left(-\frac{\eta t}{2}\right)\left(\cos\Omega_0 t + \frac{\frac{\eta}{2} - \gamma}{\Omega_0}\sin\Omega_0 t\right)$$

$$+\frac{f_0}{\omega_0^2+\gamma^2-\gamma\eta}\exp(-\gamma t) \tag{3.21}$$

係数行列を決める方程式が (3.16) のようにきれいな形になったのは，$x,\dot{x},\ddot{x}$ のように x の高階微分にもっていったのがポイントであった．ここで，行列 $\boldsymbol{L}$ の物理的，数学的な意味を考察するために (3.10) の特性方程式に対応する固有ベクトル $\vec{X}_0$ について考えてみよう．

$$(\boldsymbol{M}-\lambda\boldsymbol{E})\vec{X}_0=0 \tag{3.22}$$

そもそも，この固有値問題は微分方程式 (3.8) の解 $\vec{X}(t)$ が $\vec{X}_0\exp(\lambda t)$ の形の解をもつと仮定して，これに代入することによって得られる．j 番目の固有値に対応する固有ベクトルは

$$(\boldsymbol{M}-\lambda_j\boldsymbol{E})\vec{X}^{(j)}=0 \tag{3.23}$$

と表現することができる．要素に分解して具体的に書くと

$$\begin{pmatrix} -\lambda_j & 1 & 0 \\ 0 & -\lambda_j & 1 \\ -\gamma\omega_0^2 & -(\omega_0^2+\gamma\eta) & -(\gamma+\eta)-\lambda_j \end{pmatrix}\begin{pmatrix} x^{(j)} \\ y^{(j)} \\ z^{(j)} \end{pmatrix}=0 \tag{3.24}$$

この行列の 1 行目で $x^{(j)}=1$ と置けば，$y^{(j)}=\lambda_j$ となり，2 行目から $z^{(j)}=\lambda_j^2$ となるので，固有ベクトルは一般性を失うことなく

$$\vec{e}^{(j)}=\begin{pmatrix} x^{(j)} \\ y^{(j)} \\ z^{(j)} \end{pmatrix}=\begin{pmatrix} 1 \\ \lambda_j \\ \lambda_j^2 \end{pmatrix} \tag{3.25}$$

と表現される．これを横に並べて行列 $\boldsymbol{P}$ をつくる．

$$\boldsymbol{P}=(\vec{e}^{(1)},\vec{e}^{(2)},\vec{e}^{(3)}) \tag{3.26}$$

この 3×3 行列は，式 (3.16) の行列 $\boldsymbol{L}$ に一致する．この行列を用いて行列 $\boldsymbol{M}$ を相似変換すれば

$$\boldsymbol{P}^{-1}\boldsymbol{M}\boldsymbol{P}=\boldsymbol{\Lambda}=\begin{pmatrix} \lambda_1 & 0 & 0 \\ 0 & \lambda_2 & 0 \\ 0 & 0 & \lambda_3 \end{pmatrix} \tag{3.27}$$

を満たすような固有値行列 $\boldsymbol{\Lambda}$ が得られる．

固有値と固有ベクトルの数理的な意味をさらに掘り下げるために, 式 (3.8) に P^{-1} を左から作用させると, 正則行列の性質 $PP^{-1} = P^{-1}P = E$ に注意して

$$\frac{d}{dt}(P^{-1}\vec{X}) = P^{-1}MP(P^{-1}\vec{X}) \tag{3.28}$$

のように変形できる. 式 (3.26) から座標変換を施した $P\vec{X}$ での運動はたがいに独立となる. したがって, $P^{-1}\vec{X}(t)$ の解は

$$P^{-1}\vec{X}(t) = \exp(\Lambda t)P^{-1}\vec{X}(0) = \begin{pmatrix} e^{\lambda_1 t} & 0 & 0 \\ 0 & e^{\lambda_2 t} & 0 \\ 0 & 0 & e^{\lambda_3 t} \end{pmatrix} P^{-1}\vec{X}(0) \tag{3.29}$$

もとの変数 $\vec{X}(t)$ での運動を得るためには左から行列 P を作用させればよい.

$$\vec{X}(t) = P \begin{pmatrix} e^{\lambda_1 t} & 0 & 0 \\ 0 & e^{\lambda_2 t} & 0 \\ 0 & 0 & e^{\lambda_3 t} \end{pmatrix} P^{-1}\vec{X}(0) \tag{3.30}$$

もちろん, 行列計算の結果は式 (3.21) と同じ結果を与える (各自確かめよ). $\omega_0 < \eta/2$ のときには λ_1, λ_2 は実数となり, $\sin \Omega_0 t$, $\cos \Omega_0 t$ は, $\sinh \hat{\Omega}_0 t$, $\cosh \hat{\Omega}_0$ ($\hat{\Omega}_0 = \sqrt{(\eta/2)^2 - \omega_0^2}$) と置き換えればよいことがわかる (各自確かめよ).

固有値が重複している (特性方程式が重根をもつ) $\lambda_1 = \lambda_2 = -\eta/2$ 場合 ($\omega_0 = \eta/2$ のとき) には, 相似変換によって対角行列には変換できないので, つぎの型の**ジョルダンの標準形**

$$P^{-1}MP = \begin{pmatrix} \lambda_1 & 1 & 0 \\ 0 & \lambda_1 & 0 \\ 0 & 0 & \lambda_3 \end{pmatrix} \tag{3.31}$$

になるように固有ベクトル (変換行列 P) を決める必要がある.

さらに, $\eta/2 = \gamma$ (すなわち, 特性方程式が 3 重根をもつ) $\lambda_1 = \lambda_2 = \lambda_3 = -\eta/2$ ならば, つぎの型のジョルダンの標準形

$$P^{-1}MP = \begin{pmatrix} \lambda_1 & 1 & 0 \\ 0 & \lambda_1 & 1 \\ 0 & 0 & \lambda_1 \end{pmatrix} \tag{3.32}$$

になるように固有ベクトル (変換行列 P) を決める必要がある。

変数の数が増えても，考え方は同じであり，固有値と固有ベクトルを求め，行列計算をすれば解が求まる．次章では 4 変数の定数係数系に帰着できる場合について考える．式 (3.30)，(3.31) のような固有値が重複している場合の P を具体的に計算し，明瞭解を求めることは読者にゆだねる．

3.2 4 階の微分方程式

つぎに強制外力の項が角周波数 ω で振動する場合

$$f(t) = f_0 \cos \omega t \tag{3.33}$$

を考えよう．これを時間について 2 回微分すると

$$\ddot{f} = -\omega^2 f \tag{3.34}$$

を得る．ここで，$v = \dot{x}$, $g = \dot{f}$ と置けば，微分方程式の行列表現は

$$\frac{d}{dt}\vec{Y} = \frac{d}{dt}\begin{pmatrix} x \\ v \\ f \\ g \end{pmatrix} = \begin{pmatrix} 0 & 1 & 0 & 0 \\ -\omega_0^2 & -\eta & 1 & 0 \\ 0 & 0 & 0 & 1 \\ 0 & 0 & -\omega^2 & 0 \end{pmatrix} \begin{pmatrix} x \\ v \\ f \\ g \end{pmatrix} \tag{3.35}$$

となる．初期条件は，$\vec{Y}(0) = (x(0), v(0), f(0), g(0))^T = (x(0), \dot{x}(0), f_0, 0)^T$ である．

一方，前節でも示したように，f を消去してしまうとつぎのような変数 x のみで表現される標準型の 4 階微分方程式を得る．

$$\ddddot{x} + \eta \dddot{x} + (\omega_0^2 + \omega^2)\ddot{x} + \omega^2 \eta \dot{x} + \omega^2 \omega_0^2 x = 0 \tag{3.36}$$

$\vec{X}(t) = (x(t), \dot{x}(t), \ddot{x}(t), \dddot{x}(t))^T$ 初期条件は，$\vec{X}(0) = (x(0), \dot{x}(0), f_0 - \eta \dot{x}(0) - \omega_0^2 x(0), \eta \omega_0^2 x(0) + (\eta^2 - \omega_0^2)\dot{x}(0) - \eta f_0)^T$ となる．固有値を決める特性方程式は

3.2 4階の微分方程式

$$(\lambda^2 + \omega^2)(\lambda^2 + \eta\lambda + \omega_0^2) = 0 \tag{3.37}$$

となる。これは係数行列が 0 となる要素が「塊となって存在する」ため，2×2 行列の二つの行列

$$\begin{pmatrix} 0 & 1 \\ -\omega_0^2 & -\eta \end{pmatrix} \tag{3.38}$$

$$\begin{pmatrix} 0 & 1 \\ -\omega^2 & 0 \end{pmatrix} \tag{3.39}$$

が固有値を決めることを意味する。したがって，代数方程式 (3.37) の根 (固有値) は

$$(\lambda_1, \lambda_2, \lambda_3, \lambda_4) = \left(-\frac{\eta}{2} + i\Omega_0, -\frac{\eta}{2} - i\Omega_0, i\omega, -i\omega\right) \tag{3.40}$$

となる。これらの固有値に対応する固有ベクトルは次式から決められる。

$$\begin{pmatrix} -\lambda_j & 1 & 0 & 0 \\ 0 & -\lambda_j & 1 & 0 \\ 0 & 0 & -\lambda_j & 1 \\ -\omega^2\omega_0^2 & -\eta\omega_0^2 & -\omega^2 - \omega_0^2 & -\lambda_j - \eta \end{pmatrix} \begin{pmatrix} x^{(j)} \\ \dot{x}^{(j)} \\ \ddot{x}^{(j)} \\ \dddot{x}^{(j)} \end{pmatrix} = 0 \tag{3.41}$$

j 番目の固有値に対する固有ベクトルは

$$\vec{e}^{(j)} = (1, \lambda_j, \lambda_j^2, \lambda_j^3)^T \tag{3.42}$$

であることに注意すると，固有ベクトルからつくった行列 $\boldsymbol{P} = (\vec{e}^{(1)}, \vec{e}^{(2)}, \vec{e}^{(3)}, \vec{e}^{(4)})$ を用いると，式 (3.36) の微分方程式の明瞭解 $\vec{X}(t) = (x(t), \dot{x}(t), \ddot{x}(t), \dddot{x}(t))^T$ は

$$\vec{X}(t) = \boldsymbol{P} \begin{pmatrix} e^{\lambda_1 t} & 0 & 0 & 0 \\ 0 & e^{\lambda_2 t} & 0 & 0 \\ 0 & 0 & e^{\lambda_3 t} & 0 \\ 0 & 0 & 0 & e^{\lambda_4 t} \end{pmatrix} \boldsymbol{P}^{-1} \vec{X}(0) \tag{3.43}$$

を計算し，実数の関数で表現されるように整理すれば得られる。

3.3 2質点の連成振動

図 3.1(a) のような質量 m の二つのおもりがばね定数 k のばねにつながっている。平衡点のまわりの微小振動方程式は，以下のように表現することができる。

$$m\frac{d^2}{dt^2}x_1 = -kx_1 - k(x_1 - x_2) = -2kx_1 + kx_2 \tag{3.44}$$

$$m\frac{d^2}{dt^2}x_2 = -kx_2 - k(x_2 - x_1) = kx_1 - 2kx_2 \tag{3.45}$$

(a) おもり（質量 m）とばね（ばね定数 k）からなる連成振動系

(b) 低周波数に対応する音響モード（二つの固有ベクトルは同一方向）

(c) 高周波数に対応する光学モード（二つの固有ベクトルは逆方向）

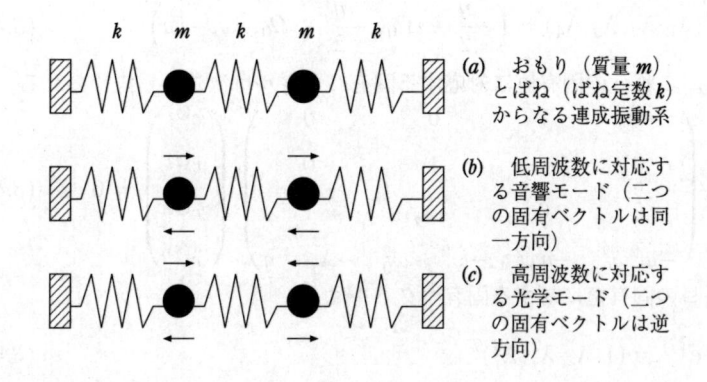

図 3.1 2質点の連成振動

行列で表現すると

$$\frac{d^2}{dt^2}\begin{pmatrix} x_1 \\ x_2 \end{pmatrix} = \begin{pmatrix} -2\kappa & \kappa \\ \kappa & -2\kappa \end{pmatrix}\begin{pmatrix} x_1 \\ x_2 \end{pmatrix} \tag{3.46}$$

の形に書き換えられる。ただし，初期条件は $(x_1(0), x_2(0))^T$, $(v_1(0), v_2(0))^T = (\dot{x}_1(0), \dot{x}_2(0))^T$ であり，$\kappa \equiv k/m$ と置いた。

この方程式を初等的な方法で解くために，天下り的ではあるが

$$\begin{pmatrix} y_1 \\ y_2 \end{pmatrix} = \begin{pmatrix} 1 & 1 \\ 1 & -1 \end{pmatrix}\begin{pmatrix} x_1 \\ x_2 \end{pmatrix} \tag{3.47}$$

と変数変換してみると，式 (3.46) よりつぎのような独立な調和振動子の方程式

が得られる。
$$\frac{d^2}{dt^2}\begin{pmatrix} y_1 \\ y_2 \end{pmatrix} = -\begin{pmatrix} \kappa & 0 \\ 0 & 3\kappa \end{pmatrix}\begin{pmatrix} y_1 \\ y_2 \end{pmatrix} \tag{3.48}$$
したがって，前章での計算の結果がそのまま使えることになり，解は
$$\begin{pmatrix} y_1(t) \\ y_2(t) \end{pmatrix} = \begin{pmatrix} y_1(0)\cos\sqrt{\kappa}t + \dfrac{\dot{y}_1(0)}{\sqrt{\kappa}}\sin\sqrt{\kappa}t \\ y_2(0)\cos\sqrt{3\kappa}t + \dfrac{\dot{y}_2(0)}{\sqrt{3\kappa}}\sin\sqrt{3\kappa}t \end{pmatrix} \tag{3.49}$$
と表現される。

モデル (3.46) の連成振動子の係数行列を M として固有値問題
$$(\lambda^2 E - M)\vec{X}_0 = 0 \tag{3.50}$$
を考えてみよう。特性方程式
$$|\lambda^2 E - M| = 0 \tag{3.51}$$
の λ^2 は，$\vec{X}(t) \propto \exp(\lambda t)$ と仮定したので時間についての 2 階微分から生じた。したがって，特性方程式 (3.51) を代数方程式に書き直して
$$\lambda^4 + 4\kappa\lambda^2 + 3\kappa^2 = 0 \tag{3.52}$$
固有値は
$$\lambda_1^2 = -\kappa, \quad \lambda_2^2 = -3\kappa \tag{3.53}$$
が得られる。固有ベクトルは $\lambda_1^2 = -\kappa$ のとき
$$\begin{pmatrix} \kappa & -\kappa \\ -\kappa & \kappa \end{pmatrix}\begin{pmatrix} x_1^{(1)} \\ x_2^{(1)} \end{pmatrix} = 0 \tag{3.54}$$
を満たす。すなわち
$$\vec{e}^{\,(1)} \equiv \begin{pmatrix} x_1^{(1)} \\ x_2^{(1)} \end{pmatrix} = \begin{pmatrix} 1 \\ 1 \end{pmatrix} \tag{3.55}$$
この固有ベクトルから，この運動モードでは x_1, x_2 は同一方向に運動する（図 3.1(b) 参照）ことがわかる。$\lambda_2^2 = -3\kappa$ のとき
$$\begin{pmatrix} -\kappa & -\kappa \\ -\kappa & -\kappa \end{pmatrix}\begin{pmatrix} x_1^{(2)} \\ x_2^{(2)} \end{pmatrix} = 0 \tag{3.56}$$
を満たす。すなわち

$$\vec{e}^{(2)} \equiv \begin{pmatrix} x_1^{(2)} \\ x_2^{(2)} \end{pmatrix} = \begin{pmatrix} 1 \\ -1 \end{pmatrix} \tag{3.57}$$

この固有ベクトルから，この運動モードでは x_1, x_2 はたがいに逆方向に運動する（図 $3.1(c)$ 参照）ことがわかる．

また，固有ベクトルから構成した行列

$$\boldsymbol{P} = (\vec{e}^{(1)}, \vec{e}^{(2)}) \tag{3.58}$$

が式 (3.47) に一致することがわかる．式 (3.47) の座標変換 $\begin{pmatrix} y_1 \\ y_2 \end{pmatrix}$ と $\begin{pmatrix} x_1 \\ x_2 \end{pmatrix}$ の関係を逆に解けば次式を得る．

$$\begin{pmatrix} x_1 \\ x_2 \end{pmatrix} = \frac{1}{2}\begin{pmatrix} 1 & 1 \\ 1 & -1 \end{pmatrix}\begin{pmatrix} y_1 \\ y_2 \end{pmatrix} \tag{3.59}$$

(y_1, y_2) 座標系での解 (3.49) をこれに代入し，時刻 $t=0$ でも式 (3.47) の関係およびその微分

$$\begin{pmatrix} y_1(0) \\ y_2(0) \end{pmatrix} = \begin{pmatrix} 1 & 1 \\ 1 & -1 \end{pmatrix}\begin{pmatrix} x_1(0) \\ x_2(0) \end{pmatrix} \tag{3.60}$$

$$\begin{pmatrix} \dot{y}_1(0) \\ \dot{y}_2(0) \end{pmatrix} = \begin{pmatrix} 1 & 1 \\ 1 & -1 \end{pmatrix}\begin{pmatrix} \dot{x}_1(0) \\ \dot{x}_2(0) \end{pmatrix} \tag{3.61}$$

が成立していることに注意すれば，つぎのような明瞭解が得られる．

$$\begin{aligned} x_1(t) &= \frac{1}{2}(x_1(0)+x_2(0))\cos\sqrt{\kappa}t + \frac{1}{2}(x_1(0)-x_2(0))\cos\sqrt{3\kappa}t \\ &\quad + \frac{1}{2}(v_1(0)+v_2(0))\frac{1}{\sqrt{\kappa}}\sin\sqrt{\kappa}t + \frac{1}{2}(v_1(0)-v_2(0))\frac{1}{\sqrt{3\kappa}}\sin\sqrt{3\kappa}t \end{aligned} \tag{3.62}$$

$$\begin{aligned} x_2(t) &= \frac{1}{2}(x_1(0)+x_2(0))\cos\sqrt{\kappa}t - \frac{1}{2}(x_1(0)-x_2(0))\cos\sqrt{3\kappa}t \\ &\quad + \frac{1}{2}(v_1(0)+v_2(0))\frac{1}{\sqrt{\kappa}}\sin\sqrt{\kappa}t - \frac{1}{2}(v_1(0)-v_2(0))\frac{1}{\sqrt{3\kappa}}\sin\sqrt{3\kappa}t \end{aligned} \tag{3.63}$$

式 (3.46) から直接，形式解を書き下せばつぎのようになる．

$$\begin{pmatrix} x_1(t) \\ x_2(t) \end{pmatrix} = \cos\sqrt{\boldsymbol{K}}t \begin{pmatrix} x_1(0) \\ x_2(0) \end{pmatrix} + \boldsymbol{K}^{-1/2}\sin\sqrt{\boldsymbol{K}}t \begin{pmatrix} v_1(0) \\ v_2(0) \end{pmatrix} \tag{3.64}$$

ここで，係数行列 $\boldsymbol{K}$ は

$$K = \begin{pmatrix} 2\kappa & -\kappa \\ -\kappa & 2\kappa \end{pmatrix} \qquad (3.65)$$

である†。

3.4 N 階の微分方程式

N 階の定数係数の微分方程式の場合

$$a_0 x^{(N)} + a_1 x^{(N-1)} + a_2 x^{(N-2)} + \cdots + a_{N-1}\dot{x} + a_N x = 0 \qquad (3.66)$$

(ここで, $x^{(N)}$ は N 階微分を表す) にはこの 2 章で述べたベクトル化した 1 階の微分方程式に変換する方法が有力である。一方

$$a_0(t)x^{(N)} + a_1(t)x^{(N-1)} + a_2(t)x^{(N-2)} + \cdots$$
$$+ a_{N-1}(t)\dot{x} + a_N(t)x = 0 \qquad (3.67)$$

などのように係数 $a_k(t)$ $(k = 0, 1, ..., N)$ が変数 t などの関数になっている場合(変数係数の微分方程式の場合)には,係数 $a_k(t)$ $(k = 0, 1, ..., N)$ が特殊な形になっている場合以外は一般的に解析解を見つけるのはたいへん難しい。どのような特殊な場合に解が一般的に求まるのか興味がある諸君は,参考文献に示した,矢野健太郎,吉田耕作,福原満州雄,古屋茂などの数学者の書いた微分方程式の古典的名著を参考にするとよい。つぎの章ではかなり簡単で特殊な場合の変数係数をもつ微分方程式を学習する。

つぎに, N 階の微分方程式の例として, N 個の連成振動子を取り上げる。

【例 3.1】 (N 個の連成振動子)

N 個の質量 m の同じおもりが,同じ強さ k のばねにつながれ,両端が壁に固定されているとしよう (図 3.2 参照)。この系の運動方程式は, j 番目のおも

---

† 明瞭解を導出するために $\sqrt{K}$ を計算し,つぎに行列の正弦および余弦関数の定義 (付録 A の式 (A.11) および式 (A.12) 参照) に従い計算を実行するのはかえって計算が煩雑になる。形式解 (3.64) を用いた明瞭解の簡便な導出は付録 F に示す。

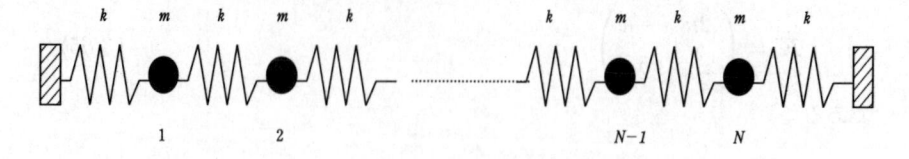

図 3.2 N 個のおもり (質量 m) がばね (ばね定数 k) でつながれた連成振動系

りの変位を $x_j(t)$ として，ベクトル $\vec{x}(t) = (x_1(t), x_2(t), \cdots, x_N(t))^T$ を定義すれば，$\vec{x}(t)$ はつぎのような 2 階の N 変数ベクトル微分方程式 (または，1 階の $2N$ 変数ベクトル微分方程式) で記述される．

$$\frac{d^2}{dt^2}\vec{x}(t) = -\boldsymbol{L}\vec{x}(t) \tag{3.68}$$

ここで，初期値は $\vec{x}(0)$ および $\vec{v}(0)$ であり

$$\boldsymbol{L} = \frac{k}{m}\begin{pmatrix} 2, -1, 0, 0, ..., 0, 0 \\ -1, 2, -1, 0, ..., 0, 0 \\ .... \\ 0, ..., 0, -1, 2, -1 \\ 0, ..., 0, -1, 2 \end{pmatrix} \tag{3.69}$$

である．行列 $\boldsymbol{L}$ は 3 重対角行列となっていることに注意する．

この方程式に対応する固有値を λ_i，固有ベクトルを $\vec{e}_i = \{e_i^j\}^T$ $(i, j = 1, 2, ..., N)$ とすれば (本節では，式 (3.66) で $x^{(N)}$ は高階微分を表すことにしたので，3.3 節では固有ベクトルを $e_i^{(j)}$ などと記したが，ここではこれを e_i^j のように括弧を省略して書く)

$$\boldsymbol{L}\vec{e}_i = \lambda_i \vec{e}_i \tag{3.70}$$

要素で書けばつぎのようになる．

$$e_i^{j+1}\lambda_i = -\frac{k}{m}(e_i^{j+1} - 2e_i^j + e_i^{j-1}) \tag{3.71}$$

書き直すと

$$e_i^{j+1} + e_i^{j-1} - 2e_i^j + \lambda_i \frac{m}{k} e_i^j = 0 \tag{3.72}$$

となり

3.4 N 階の微分方程式

と置けば

$$e_i^j = C \sin ja_i, \quad \lambda_i = \frac{4k}{m} \sin^2 \frac{a_i}{2} \tag{3.73}$$

$$C \sin(j+1)a_i + C \sin(j-1)a_i - \left(2 - 4\sin^2 \frac{a_i}{2}\right) C \sin ja_i = 0 \tag{3.74}$$

すなわち，左辺第3項目は倍角の公式を用いると簡単になり次式を得る (これは積を和に分解する三角関数の公式にほかならない)．

$$C \sin(j+1)a_i + C \sin(j-1)a_i - 2C \cos a_i \sin ja_i = 0 \tag{3.75}$$

しかし，端では次式が成り立っていることに注意する：

$$e_i^{N-1} - \left(2 - \frac{m}{k}\lambda_i\right) e_i^N \tag{3.76}$$

$$e_i^2 - \left(2 - \frac{m}{k}\lambda_i\right) e_i^1 = 0 \tag{3.77}$$

固有値，固有ベクトルを代入してみると

$$C \sin(N-1)a_i - 2C \cos a_i \sin Na_i = 0 \tag{3.78}$$

$$C \sin 2a_i - 2C \cos a_i \sin a_i = 0 \tag{3.79}$$

となり，式 (3.79) はつねに成立しているが，式 (3.78) が成立するためには

$$a_i = \frac{i\pi}{N+1} \tag{3.80}$$

を満足すればよいことがわかる．公式

$$\sum_{j=1}^{N} \sin \frac{ij\pi}{N+1} \sin \frac{kj\pi}{N+1} = \begin{cases} 0 & (k \neq i) \\ \frac{1}{2}(N+1) & (k = i) \end{cases} \tag{3.81}$$

に注意すれば

$$C = \sqrt{\frac{2}{N+1}} \tag{3.82}$$

$$\lambda_i = \frac{4k}{m} \sin^2 \frac{i\pi}{2(N+1)} \tag{3.83}$$

$$e_i^j = \sqrt{\frac{2}{N+1}} \sin \frac{ij\pi}{N+1} \tag{3.84}$$

よって

$$\vec{x}(t) = \cos\sqrt{\boldsymbol{L}}t\ \vec{x}(0) + \boldsymbol{L}^{-\frac{1}{2}}\sin\sqrt{\boldsymbol{L}}t\ \vec{v}(0) \tag{3.85}$$

$$= \sum_{i=1}^{N}\cos\sqrt{\lambda_i}t\ \vec{e}_i\cdot\vec{e}_i^T\ \vec{x}(0) + \sum_{i=1}^{N}\frac{1}{\sqrt{\lambda_i}}\sin\sqrt{\lambda_i}t\ \vec{e}_i\cdot\vec{e}_i^T\ \vec{v}(0) \tag{3.86}$$

最後の表現は**スペクトル表示**と呼ばれている。

3.5 ま と め

(1) 式 (3.2) のような強制外力 (i) $f(t) = f_0\exp(-\gamma t)$, および式 (3.33) のような (ii) $\cos\omega t$ が印加された, いわゆる非斉次型方程式の一般解を変数の数を増やし ((i) の場合は 3 変数, (ii) の場合には 4 変数), 係数行列がシルベスターの標準形になるようにして, 外力が見かけ上ない形の定数係数の常微分方程式に変換して解く方法を紹介した. 外力が簡単な指数関数や三角関数などの初等関数で表現されている場合には広く応用が効く.

(2) 一方, 2 章で強制外力のある 2 階の微分方程式 (2.59) は, ベクトル化すると (2.64) の形で解が求められることを示した. $\exp(\boldsymbol{M}t)$ の行列要素は減衰のある振動子の場合 (2.58) で求まっているから, $\vec{f}(t) = (0, f_0\cos\omega t)^T$ に注意すれば, 積分を一度実行すれば解は解析的に求められる. どの方法を選ぶかは読者の好みによる.

(3) さらに定数係数の N 変数微分方程式を解く方法をまず, 2 質点の連成振動の場合について紹介し, 質点が任意の数 N の場合に拡張して示している. この任意の数の場合でも数理構造は 1 変数の場合と同じであり, 式 (3.85) に示されているようにスカラ変数をベクトル変数にし, 定数係数を定数行列に変えればよい. 具体的な表現は固有値と固有ベクトルを

用いてスペクトル表示の形で求まる.

(4) 最後に, *3.1* 節および *3.2* 節で述べた強制外力 $f(t)$ が作用している場合の特解の物理的な意味についてコメントしておこう. 強制外力が存在すると, この力に変数 $x(t)$ の運動が「引き込まれる」と理解する. すなわち, $x(t)$ が $f(t)$ に引きずられて同じように運動するようになるというわけである. そこで, $f(t) = f_0 \exp(-\gamma t)$ の場合, c を定数として

$$x_{sp}(t) = c \exp(-\gamma t) \tag{3.87}$$

と置けば, 簡単な計算から

$$c = \frac{f_0}{\gamma^2 - \eta\gamma + \omega_0^2} \tag{3.88}$$

が得られる. しかし, これは一般解 (*3.21*) の右辺第 4 項目に一致はするが, 右辺第 3 項目が欠落している.

同様にして, $f(t) = f_0 \cos\omega t$ の特解 $x_{sp}(t)$ を求めるために a, b を未定の定数として

$$x_{sp}(t) = a\cos\omega t + b\sin\omega t \tag{3.89}$$

のような解の形を仮定し, これを式 (*3.1*) に代入することによって係数 a, b を決定すると

$$a = \frac{\omega_0^2 - \omega^2}{(\omega_0^2 - \omega^2)^2 + (\eta\omega)^2} f_0, \quad b = \frac{\eta\omega}{(\omega_0^2 - \omega^2)^2 + (\eta\omega)^2} f_0 \tag{3.90}$$

となる. 式 (*3.85*) のように $\cos\omega t$ だけでなく $\sin\omega t$ も必要になるのは, 散逸が存在するために位相に遅れが生ずるためである. また, $f(t) = f_0 \exp(-\gamma t)$ の場合と同様に $f(t) = f_0 \cos\omega t$ 振動子との相互作

コーヒーブレイク

共振, 共鳴現象

外力によって駆動されている振り子の方程式は

$$\ddot{x} + k\dot{x} + \omega_0^2 x = f_0 \cos\omega t \tag{6}$$

と表現される. 外力の周波数 ω に対する最大振幅の周波数依存性を表す図を周波数応答曲線

$$x_{\max}(\omega) \equiv R(\omega) = \frac{1}{\sqrt{(-\omega^2 + \omega_0^2)^2 + k^2\omega^2}} \tag{7}$$

と呼ぶが，$\omega_0 = 1$, $k = 0.1$ の場合に描くと図 4 に示すようになる．

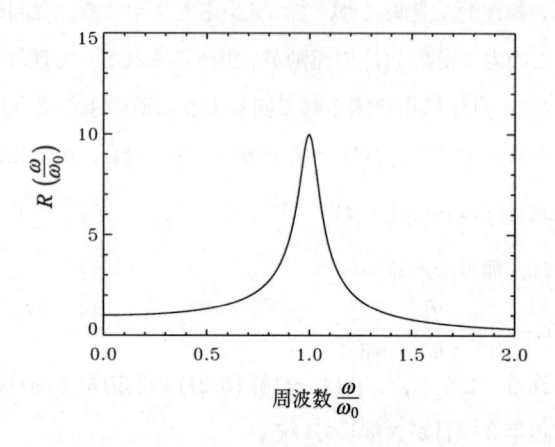

図 4　周波数 ω_0 の調和振動子に周波数 ω の強制
外力が加わった場合の周波数応答曲線

外力の周波数がシステムの特性周波数 ω_0 に近いほど大きな振幅応答が得られることになる．このような状況を外力とシステムが共振している（あるいは，共鳴が起こっている）という．物理の分野では，外力の周期に同期することから，引込み現象といわれることもある．

台風の後，大木が倒れているのを見ることがあるが，共振が起こった結果，破壊につながったと考えることができる．人間のような，およそ調和振動子と考えられないものでも，類似の特性があると考えられる．一例として，テレビで上映されていたアニメで光の点滅を集中して見ていた多くの幼児が「てんかんの発作」を起こしたことが報道されたが，これも概念的には光刺激により，幼児の視神経系が引き込まれることによる共振現象の一種とみなすこともできよう．地震の際に共鳴によって建物が破壊されるのを防ぐために，地震波の振動の周波数と共振しないような（共振を避ける）工夫がなされている．

用から生ずる過渡応答の項が欠落している．しかし，この解は十分時間が経過した後でも残る強制振動を表現している．このような事実は広く知られており，**引込み現象** (phenomenon of entrainment) という名で知られている．

 3.1 節および 3.2 節で述べたように定数係数の行列形式 1 階微分方程式の形にして解を求めると，天下り的な特解 (3.87) や (3.89) 出現の数学的根拠が明確になる利点があるが，大きな行列演算をすることになるので，計算に慣れていないと答えにたどり着くのがたいへんになる欠点がある．

演習問題

3.1 標準型の微分方程式 (3.8) と等価な標準型でないつぎの型の微分方程式

$$\frac{d}{dt}\begin{pmatrix} x \\ v \\ f \end{pmatrix} = \begin{pmatrix} 0 & 1 & 0 \\ -\omega_0^2 & -\eta & 1 \\ 0 & 0 & -\gamma \end{pmatrix} \begin{pmatrix} x \\ v \\ f \end{pmatrix} \quad (q3.1)$$

を解いて，同一の解が得られるこを確かめよ．また，標準型にする利点と欠点について述べよ．

3.2 標準型微分方程式 (3.35)

$$\frac{d}{dt}\begin{pmatrix} x \\ \dot{x} \\ \ddot{x} \\ \dddot{x} \end{pmatrix} = \begin{pmatrix} 0 & 1 & 0 & 0 \\ 0 & 0 & 1 & 0 \\ 0 & 0 & 0 & 1 \\ -\omega^2\omega_0^2 & -\omega^2\eta & -(\omega^2+\omega_0^2) & -\eta \end{pmatrix} \begin{pmatrix} x \\ \dot{x} \\ \ddot{x} \\ \dddot{x} \end{pmatrix} \quad (q3.2)$$

を解いて (3.43) の特解を仮定して解いたものと比較せよ．

3.3 2 質点の連成振動の方程式をつぎのようなベクトルの 1 階微分方程式とみなして解を求めよ．

$$\frac{d}{dt}\begin{pmatrix} x_1 \\ x_2 \\ \dot{x}_1 \\ \dot{x}_2 \end{pmatrix} = \begin{pmatrix} 0 & 0 & 1 & 0 \\ 0 & 0 & 0 & 1 \\ -2\kappa & \kappa & 0 & 0 \\ \kappa & -2\kappa & 0 & 0 \end{pmatrix} \begin{pmatrix} x_1 \\ x_2 \\ \dot{x}_1 \\ \dot{x}_2 \end{pmatrix} \quad (q3.3)$$

ここで，$\kappa \equiv k/m$ と置いた．

4

変数係数の微分方程式

4.1 1階の変数係数微分方程式

本節では，まず変数係数の微分方程式として最も簡単なつぎのような方程式を考える．

$$\frac{d}{dt}p = -(\gamma_0 + \gamma_1(t))p \tag{4.1}$$

ここで，γ_0 は定数であり，$\gamma_1(t)$ は時間の任意の関数であるとする．この方程式は変数分離可能な型になっていることに注意する．

$$\int_{p(0)}^{p(t)} \frac{dp}{p} = -\int_0^t (\gamma_0 + \gamma_1(\tau))d\tau \tag{4.2}$$

初等積分を実行すると

$$\log p(t) - \log p(0) = -\gamma_0 t - \int_0^t \gamma_1(\tau)d\tau \tag{4.3}$$

よって一般解は

$$p(t) = p(0)\exp\left(-\gamma_0 t - \int_0^t \gamma_1(\tau)d\tau\right) \tag{4.4}$$

となる．

例えば，$\gamma_1(t) = A\exp(-\alpha t)$ なら指数関数の肩の積分は $-(A/\alpha)(1-\exp(-\alpha t))$ となり $\gamma_1(t) = A\cos\omega t$ なら $-(A/\omega)\sin\omega t$ となる．すなわち，指数関数の肩に $\gamma_1(t)$ に関する積分の効果が入ってくるために単純な指数関数では表現されなくなる場合が現れることが，定数係数の微分方程式の場合とは異なる．ちなみに

$$\exp(-\beta\exp(-\alpha t)) \tag{4.5}$$

のような関数は**2重指数関数**と呼ばれており，また

$$\exp(B\sin\omega t) \tag{4.6}$$

のような関数は指数関数を冪級数 $\sum_{n=0}^{\infty} B^n \sin^n \omega t/n!$ に展開すれば $\sin\omega t$ の高次項 $\sin^n \omega t$ $(n=2,3,...)$ すなわち，**高調波** $\sin n\omega t$ などを含むことが理解できよう。

4.2　2階の変数係数微分方程式

つぎに損失のない調和振動に変数係数 $\epsilon(t)$ が入ってくる場合を考えてみよう。

$$\frac{d^2}{dt^2}x = -(\omega_0^2 + \epsilon(t))x \tag{4.7}$$

ここで，摂動 $\epsilon(t)$ はつぎのような周期的な関数の場合を考えることにする。

$$\epsilon(t) = A\cos\omega t \tag{4.8}$$

このとき，式 (4.7) は**マチウ (Mathieu) の方程式**と呼ばれているものになる。式 (4.7) を行列で表現すると

$$\frac{d}{dt}\begin{pmatrix}x\\v\end{pmatrix} = \begin{pmatrix}0 & 1\\-(\omega_0^2 + A\cos\omega t) & 0\end{pmatrix}\begin{pmatrix}x\\v\end{pmatrix} \tag{4.9}$$

したがって，形式解はつぎのようになる。

$$\begin{pmatrix}x(t)\\v(t)\end{pmatrix} = \exp\left(\int_0^t \begin{pmatrix}0 & 1\\-(\omega_0^2 + A\cos\omega\tau) & 0\end{pmatrix}d\tau\right)\begin{pmatrix}x(0)\\v(0)\end{pmatrix} \tag{4.10}$$

$$= \exp\left(\begin{pmatrix}0 & t\\-\left(\omega_0^2 t + \dfrac{A}{\omega}\sin\omega t\right) & 0\end{pmatrix}\right)\begin{pmatrix}x(0)\\v(0)\end{pmatrix} \tag{4.11}$$

$A=0$ のときには通常の調和振動子になるから

$$\begin{pmatrix}x(t)\\v(t)\end{pmatrix} = \exp\left(\begin{pmatrix}0 & t\\-\omega_0^2 t & 0\end{pmatrix}\right)\begin{pmatrix}x(0)\\v(0)\end{pmatrix} \tag{4.12}$$

$$= \begin{pmatrix} \cos\omega_0 t & \dfrac{1}{\omega_0}\sin\omega_0 t \\ -\omega_0 \sin\omega_0 t & \cos\omega_0 t \end{pmatrix} \begin{pmatrix} x(0) \\ v(0) \end{pmatrix} \qquad (4.13)$$

となる。

式 (4.13) の係数行列は時間とともに値が変化するが，これの固有値を計算してみよう。特性方程式は

$$\begin{vmatrix} \cos\omega_0 t - \lambda & \dfrac{1}{\omega_0}\sin\omega_0 t \\ -\omega_0 \sin\omega_0 t & \cos\omega_0 t - \lambda \end{vmatrix} = 0 \qquad (4.14)$$

すなわち，次式のように簡単になる。

$$\lambda^2 - 2\cos\omega_0 t\,\lambda + 1 = 0 \qquad (4.15)$$

これからただちに

$$\lambda = \cos\omega_0 t \pm i\,\sin\omega_0 t \qquad (4.16)$$

が得られる。これは時間とともに変動するが，実数部は

$$\mathrm{Re}[\lambda] = \cos\omega_0 t \leqq 1 \qquad (4.17)$$

であり

$$|\lambda| = 1 \qquad (4.18)$$

となる。

摂動の大きさがゼロでない ($A \neq 0$) ときには解は簡単な形では表現されない。そこで，定数変化法を用いて，変数係数の時間変化がゆっくりしている場合の近似解を求めることを考えよう。摂動 $\epsilon(t)$ がないときの解は a_0, ϕ_0 を定数として

$$x(t) = a_0 \cos(\omega_0 t + \phi_0) \qquad (4.19)$$

と書ける。一方，摂動 $\epsilon(t)$ が入っている場合の解は，$a(t)$ および $\Phi(t)$ は時間的に変化する未知関数であると仮定して

$$x(t) = a(t)\cos(\Phi(t)) \qquad (4.20)$$

となるとする. 式 (4.20) を式 (4.7) に代入して整理すると

$$\frac{d^2a}{dt^2}\cos\Phi - 2\frac{da}{dt}\frac{d\Phi}{dt}\sin\Phi - a\frac{d^2\Phi}{dt^2}\sin\Phi - a\left(\frac{d\Phi}{dt}\right)^2\cos\Phi$$
$$= -a(\omega_0^2 + \epsilon(t))\cos\Phi \tag{4.21}$$

ここで,振幅が時間的に緩慢に変化すると仮定して d^2a/dt^2 は無視すると,この等式が任意の時間に成立するためには $\cos\Phi$ および $\sin\Phi$ の係数がゼロでなくてはいけないので, $\cos\Phi$ の係数から

$$\frac{d\Phi}{dt} = \pm\sqrt{\omega_0^2 + \epsilon(t)} \tag{4.22}$$

これは時刻 t における瞬時周波数を決める式となる.また, $\sin\Phi$ の係数から

$$\frac{1}{a}\frac{da}{dt} = -\frac{1}{2}\frac{\left(\dfrac{d^2\Phi}{dt^2}\right)}{\left(\dfrac{d\Phi}{dt}\right)} \tag{4.23}$$

これを時間について積分すると

$$\log a(t) - \log a(0) = -\frac{1}{2}\left(\log\frac{\Phi(t)}{dt} - \log\frac{\Phi(0)}{dt}\right) \tag{4.24}$$

したがって,整理すれば

$$\log\left(\frac{a(t)}{a(0)}\right) = -\frac{1}{4}\log\left(\frac{\omega_0^2 + \epsilon(t)}{\omega_0^2 + \epsilon(0)}\right) \tag{4.25}$$

すなわち

$$a(t) = \left(\frac{\omega_0^2 + \epsilon(t)}{\omega_0^2 + \epsilon(0)}\right)^{-1/4} a(0) \tag{4.26}$$

が得られる.このようにして,得られる近似解は

$$x(t) = \left(\frac{f(t)}{f(0)}\right)^{-1/4} a(0)\cos\Phi(t) \tag{4.27}$$

ここで

$$\Phi(t) = \int_0^t \sqrt{f(\tau)}d\tau, \quad f(t) = \omega_0^2 + \epsilon(t) \tag{4.28}$$

となる.このように,振幅は $f(t)$ の 1/4 に逆比例して変化する.変数係数系は本質的に非線形系としての特質をもっているわけである.

この系のエネルギーは調和振動のある系とどのように違うのか見てみよう.式 (4.19) で表される調和振動のエネルギーは

$$E = T + U = \frac{1}{2}\left(\dot{x}^2 + \omega_0^2 x^2\right) = \frac{1}{2}a_0^2\omega_0^2 \tag{4.29}$$

であるが，変数係数系では振動子のエネルギーは変位 $x(t) = a(t)\cos\Phi(t)$，速度 $\dot{x}(t) \approx -a(t)\sqrt{f(t)}\sin\Phi(t)$ であることに注意して

$$E = \frac{1}{2}\dot{x}^2 + \frac{1}{2}f(t)x^2 \approx \frac{1}{2}\sqrt{f(t)f(0)}a(0)^2 \tag{4.30}$$

これは時間的に増減する。この式 (4.27)，(4.28) の結論は ϵ の具体的な関数形は仮定せず，「振幅と位相が時間的に緩慢に変わる」ことのみを利用して導出された結果であることに注意する。

4.3 線形安定性

定数係数の微分方程式の簡単な場合を 2 章，3 章で学んだが，「安定性」に関する議論は行ってこなかった。この理由は例題や演習問題に取り上げた微分方程式はほとんどすべて「線形安定」であることを前提としているモデルを採用していたからである。物理的には損失のある調和振動子の場合に代表されるように，系のエネルギーは時間とともに減少し，振動の振幅は時間の経過とともに静止状態に移行する。この特性は微分方程式の固有値を調べることで理解できる。実際，損失のある $(\eta > 0)$ 調和振動子

$$\ddot{x} + \eta\dot{x} + \omega_0^2 x = 0 \tag{4.31}$$

の場合には，特性方程式は

$$\lambda^2 + \eta\lambda + \omega_0^2 = 0 \tag{4.32}$$

であるから

$$\lambda_\pm = \frac{-\eta \pm \sqrt{\eta^2 - 4\omega_0^2}}{2} \tag{4.33}$$

となり，散逸係数が正 $(\eta > 0)$ であるかぎり，つねに固有値の実数部は負 $(\mathrm{Re}[\lambda_\pm] < 0)$ となる。

しかし，バイオリンなどの楽器の弦を弓でこすると，散逸係数が負 $(\eta < 0)$

となりエネルギーが外部から注入される事態が発生する。このときには、「系は線形不安定 (Re $[\lambda] > 0$) である」という。物理的には振幅の増大や持続振動の発生に対応する。

高階の定数係数微分方程式の場合にも同様にして，特性方程式

$$a_0\lambda^n + a_1\lambda^{n-1} + ... + a_{n-1}\lambda + a_n = 0 \tag{4.34}$$

の n 個の根の少なくとも 1 個が正の実部をもっていると，線形安定性が破れる (すなわち，線形不安定になる)[†]。変数係数の微分方程式の場合，安定性の議論を定数係数の場合のように単純に特性方程式を解く問題に帰着できない。

このことを示すために式 (4.7) のモデルをつぎの形に変形 ($A \to 2\varGamma$, $\omega \to 2\omega$ と置き換え) して考えよう。このようにする理由は結果の数式を見やすくするための便宜的なものである。

$$\ddot{x} + \omega_0^2(1 + 2\varGamma \sin 2\omega t)x = 0 \tag{4.35}$$

この方程式の解の形を

$$x(t) = a(t)\cos\omega_0 t + b(t)\sin\omega_0 t \tag{4.36}$$

と仮定しよう。係数 $a(t), b(t)$ が時間的に緩慢に変化するとすれば，x の微分は

$$\dot{x}(t) = -a(t)\omega_0 \sin\omega_0 t + b(t)\omega_0 \cos\omega_0 t \tag{4.37}$$

で近似できる。これは

$$\dot{a}(t)\cos\omega_0 t + \dot{b}(t)\sin\omega_0 t = 0 \tag{4.38}$$

という拘束条件を課すことに等しい。式 (4.36) の $x(t)$ および式 (4.37) の微分，すなわち

$$\ddot{x}(t) = -\dot{a}(t)\omega_0 \sin\omega_0 t$$
$$+ \dot{b}(t)\omega_0 \cos\omega_0 t - a(t)\omega_0^2 \cos\omega_0 t - b(t)\omega_0^2 \sin\omega_0 t \tag{4.39}$$

[†] n 階の定数係数微分方程式 (3.66) に対応する特性方程式 (4.34) の代数方程式の根をすべて求め，その実数部が正になっていることを確認すれば線形安定性を判別できる。しかし，n が大きくなるとこの代数方程式を解くのがたいへんになる。ラウス・フルビッツの安定性基準 (Routh-Furwitz's stability criterion) を用いると係数 $a_j(j = 0,...,n)$ 間の関係式のみを用いて安定判別が可能である。

を式 (4.35) に代入すると次式を得る。

$$(\dot{b}+2\omega_0\Gamma a\sin 2\omega t)\cos\omega_0 t+(-\dot{a}+2\omega_0\Gamma b\sin 2\omega t)\sin\omega_0 t=0 \quad (4.40)$$

拘束条件式 (4.38) と式 (4.40) を組み合わせることにより，a，b に関するつぎのような連立微分方程式が得られる。

$$\dot{a}=a\omega_0\Gamma(\sin 2\omega t)\sin 2\omega_0 t+b\omega_0\Gamma(\sin 2\omega t)(1-\cos 2\omega_0 t) \quad (4.41)$$

$$\dot{b}=-a\omega_0\Gamma(\sin 2\omega t)(1+\cos 2\omega_0 t)-b\omega_0\Gamma(\sin 2\omega t)\sin 2\omega_0 t \quad (4.42)$$

式 (4.41) を形式的に積分すれば

$$a(t)=a(0)+\int_0^t dt\, a(t)\omega_0\Gamma\sin 2\omega t\sin 2\omega_0 t$$
$$+\int_0^t dt\, b(t)\omega_0\Gamma\sin 2\omega t(1-\cos 2\omega_0 t) \quad (4.43)$$

ここで，十分短い時間 t 内で考えると，被積分関数の中の $a(t),b(t)$ は $a(0),b(0)$ で置き換えても構わない。したがって

$$a(t)=a(0)+a(0)\omega_0\Gamma\int_0^t dt\,\sin 2\omega t\sin 2\omega_0 t$$
$$+b(0)\omega_0\Gamma\int_0^t dt\,\sin 2\omega t(1-\cos 2\omega_0 t) \quad (4.44)$$

となる。ここで，十分短い時間 t として計算した上式の積分の上限値 t を外力の周期 $T=2\pi/2\omega=\pi/\omega$ に置き換えて評価する。

$$\int_0^T dt\sin 2\omega t\sin 2\omega_0 t=-\frac{\omega\sin 2\pi\frac{\omega_0}{\omega}}{\omega^2-\omega_0^2} \quad (4.45)$$

$$\int_0^T dt\sin 2\omega t\cos 2\omega_0 t=\frac{\omega\left(1-\cos 2\pi\frac{\omega_0}{\omega}\right)}{\omega^2-\omega_0^2} \quad (4.46)$$

に注意すると

$$a(T)=\left(1-\frac{\omega\omega_0\Gamma}{\omega^2-\omega_0^2}\sin 2\pi\frac{\omega_0}{\omega}\right)a(0)+\frac{\omega\omega_0\Gamma}{\omega^2-\omega_0^2}\left(1-\cos 2\pi\frac{\omega_0}{\omega}\right)b(0) \quad (4.47)$$

となる。同様にして，式 (4.42) より

$$b(T) = b(0) - a(0)\omega_0 \Gamma \int_0^T dt \ \sin 2\omega t(1+\cos 2\omega_0 t)$$
$$- b(0)\omega_0 \Gamma \int_0^T dt \ \sin 2\omega t \sin 2\omega_0 t \quad (4.48)$$
$$= -\frac{\omega\omega_0 \Gamma}{\omega^2 - \omega_0^2}\left(1 - \cos 2\pi \frac{\omega_0}{\omega}\right)a(0) + \left(1 + \frac{\omega\omega_0 \Gamma}{\omega^2 - \omega_0^2}\sin 2\pi \frac{\omega_0}{\omega}\right)b(0) \quad (4.49)$$

したがって，つぎのような近似解が得られる．

$$x(T) \approx \left(\cos\frac{\omega_0}{\omega}\pi - \frac{\omega\omega_0 \Gamma}{\omega^2 - \omega_0^2}\sin\frac{\omega_0}{\omega}\pi\right)x(0) + \sin\left(\frac{\omega_0}{\omega}\pi\right)\frac{1}{\omega_0}\dot{x}(0) \quad (4.50)$$

$$\dot{x}(T) \approx \left(\cos\frac{\omega_0}{\omega}\pi + \frac{\omega\omega_0 \Gamma}{\omega^2 - \omega_0^2}\right)\dot{x}(0) - \omega_0 \sin\left(\frac{\omega_0}{\omega}\pi\right)x(0) \quad (4.51)$$

行列形式に整理して示すとつぎのようになる．

$$\begin{pmatrix} x(T) \\ \dot{x}(T) \end{pmatrix} = M \begin{pmatrix} x(0) \\ \dot{x}(0) \end{pmatrix} \quad (4.52)$$

$$M = \begin{pmatrix} \cos\frac{\omega_0}{\omega}\pi - \frac{\omega\omega_0\Gamma}{\omega^2-\omega_0^2}\sin\frac{\omega_0}{\omega}\pi & \sin\left(\frac{\omega_0}{\omega}\pi\right)\frac{1}{\omega_0} \\ -\omega_0\sin\frac{\omega_0}{\omega}\pi & \cos\frac{\omega_0}{\omega}\pi + \frac{\omega\omega_0\Gamma}{\omega^2-\omega_0^2}\sin\frac{\omega_0}{\omega}\pi \end{pmatrix} \quad (4.53)$$

この行列 M の固有値は時刻 0 から時刻 t までの間に振幅がどのくらい増大したかを示す指標となる．結果は

$$\lambda = \cos\frac{\omega_0}{\omega}\pi \pm \sqrt{\left(\frac{\omega\omega_0\Gamma}{\omega^2-\omega_0^2}\right)^2 - 1}\ \sin\frac{\omega_0}{\omega}\pi \quad (4.54)$$

となる．$\Gamma = 0$ のときには式 (4.16) と同型となることに注意する．これから，例えば，ω_0 と ω を固定して Γ を変化させていくとき

$$\left|\frac{\omega^2 - \omega_0^2}{\omega\omega_0}\right| < \Gamma \quad (4.55)$$

のとき増大する振動が発生し，不安定となっていることがわかる．一方

$$\left|\frac{\omega^2 - \omega_0^2}{\omega\omega_0}\right| > \Gamma \quad (4.56)$$

のとき，右辺第 2 項は虚数となるから実数部はつねに 1 より小さく安定である．ω と Γ のパラメータ空間の中で，不安定になる領域は**図 4.1** の斜線で示

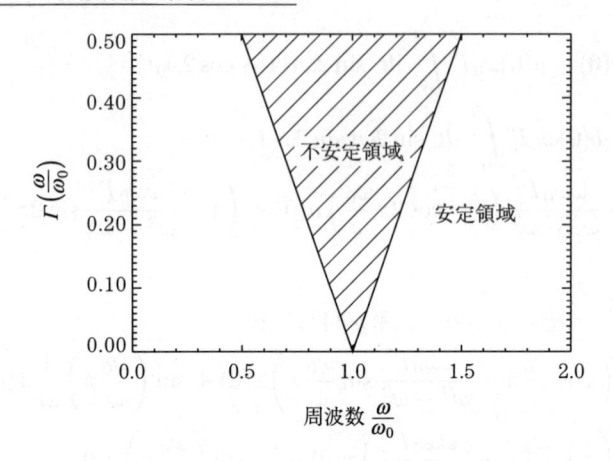

図 4.1 外力の大きさ Γ と外力の周波数 ω の 2 次元のパラメータ空間での不安定領域

した部分であることがわかる。

安定な領域でも,ω の上下に二つの周波数の固有振動が生じ,そのうなりのために振幅および位相の変調を受けることも理解できる。このような発振はパラメータ励振と呼ばれている。

4.4 ま と め

(1) 4.1 節,4.2 節では 1 階および 2 階の最も簡単な変数係数の微分方程式を考えた。4.2 節では損失のない調和振動子に時間的な変動が加わっている場合を考えたが,実在のシステムでは,つぎのように,質量とばね定数の両方に時間変化が入っている場合もあるだろう。

$$\frac{d}{dt}\left(m(t)\frac{d}{dt}x\right) = -k(t)x \tag{4.57}$$

数学的に類似の問題として,損失のない LC 回路系に空間的な不均一性がある場合も考えられる。

$$\frac{dV}{dx} = -i\omega L(x) \tag{4.58}$$

$$\frac{dI}{dx} = -i\omega C(x)V \tag{4.59}$$

ここで，L, C に周期的な境界条件が付帯しているとしよう。

――― コーヒーブレイク ―――――――――――――――――――

変数係数の微分方程式も形式解は簡単である

n 変数ベクトル $\vec{x} = (x_1, \cdots, x_n)^T$ の変数係数 $A(t)$ ($n \times n$) 微分方程式

$$\frac{d}{dt}\vec{y}(t) = A(t)\vec{y}(t) + \vec{f}(t) \tag{8}$$

$\vec{f} = (f_1, \cdots, f_n)^T$ を考えよう。$\vec{f} = 0$ と置いた斉次微分方程式の基本解が存在し，それが求まったとして，これを $\vec{y}_1, \vec{y}_2, ..., \vec{y}_n$ と書くと，行列

$$Y(t) = (\vec{y}_1, \vec{y}_2, ..., \vec{y}_n) \tag{9}$$

は微分方程式

$$\frac{d}{dt}Y(t) = A(t)Y(t) \tag{10}$$

を満たす。よって，斉次系の一般解 $\vec{y}_p$ は $\vec{C}_0$ を定数ベクトルとして

$$\vec{y}_p(t) = Y(t)\vec{C}_0 \tag{11}$$

と書ける。

外力が加わっている場合の特解を

$$\vec{y}_s(t) = Y(t)\vec{C}(t) \tag{12}$$

の形に書けると仮定しよう。これをもとの非斉次方程式 (8) に代入すると次式が得られる。

$$\frac{d}{dt}C = Y^{-1}(t)\vec{f}(t) \tag{13}$$

これを時間について時刻 0 から t まで積分すると

$$\vec{C}(t) = \vec{C}(0) + \int_0^t Y^{-1}(s)\vec{f}(s)\,ds \tag{14}$$

よって，特解は形式的には

$$y_s(t) = Y(t)Y^{-1}(0)\vec{C}(0) + Y(t)\int_0^t Y^{-1}(s)\vec{f}(s)\,ds \tag{15}$$

のように求められる。形式的には定数係数の場合と同様な表現が得られる。

一般に，n 変数の変数係数微分方程式の場合，斉次方程式の基本解 (9) および一般解 (15) の解析表現 (明瞭解) を得るのは難しいのである。

$$L(x+a) = L(x), \quad C(x+a) = C(x) \qquad (4.60)$$

この場合には，つぎのような方程式を考える必要がある．

$$\frac{d}{dx}\left(\frac{1}{L(x)}\frac{dV}{dx}\right) + \omega^2 C(x)V = 0 \qquad (4.61)$$

(2) また，線形安定性の具体的な評価問題を損失のない調和振動子に変調 $\epsilon(t) = 2\Gamma \sin 2\omega t$ が加わった場合について論じた．

(3) 実在の系では式 (4.1)，(4.4) で x をベクトルにし，$\epsilon(t)$ を行列とした取扱いが必要になるが，数学的に高度であるので引用・参考文献にゆだねる．

演 習 問 題

4.1 式 (4.1) の変数係数方程式の一般解 (4.4) で $\gamma_1(t) = A\cos\omega t$ のときの時間変化を $A = \omega = 1$ として図示せよ．

4.2 式 (4.7) の変数係数方程式の近似解 (4.27) で $\epsilon(t) = A\cos\omega t$ のときの時間変化を $\omega_0 = \omega = 1,\ A = 0.5$ として図示せよ．

4.3 式 (4.35) の変数係数方程式で $\Gamma = 0.2$ のとき $\omega_0 = 1,\ \omega = 0.9$ として振幅の時間変化を図示せよ．

5 ラプラス変換・フーリエ変換による解法

5.1 ラプラス変換による解法

システム工学，電気回路などの分野ではモデルを**ラプラス変換** (Laplace transform) した要素で構成することが伝統的に行われている。ラプラス変換は $G(t)$ を変数 t に関するなめらかな関数として

$$G[s] \equiv \int_0^\infty \exp(-st) G(t)\, dt \tag{5.1}$$

で定義される。変数 t は時間である場合が多いが，空間変数 x やその他の連続変数であっても構わない。パラメータ s は一般に複素数値をとるが，その値を限定しているわけではないことに注意する。最も簡単な例は指数関数

$$f(t) = \exp(-\gamma t) \tag{5.2}$$

である。ここで，γ は正の実定数であるとする。式 (5.2) を定義式 (5.1) に代入して積分すれば

$$f[s] = \frac{1}{s+\gamma} \tag{5.3}$$

が得られる。逆にこのような関数がラプラス空間で現れたら，もとの変数空間では式 (5.2) のような指数関数であると考えてよい。

さて，このラプラス変換を用いて定数係数の微分方程式を解く方法を述べよう。2 章で紹介した最も簡単な 1 階の微分方程式

$$\frac{d}{dt} p = -\gamma p \tag{5.4}$$

から始めよう．式 (5.4) の両辺に $\exp(-st)$ を掛けて積分する，すなわち，両辺にラプラス変換を適用すると

$$p[s] \equiv \int_0^\infty \exp(-st)\, p(t)\, dt \tag{5.5}$$

として

$$\int_0^\infty \exp(-st)\frac{d}{dt}p(t)\, dt = -\gamma \int_0^\infty \exp(-st)p(t)\, dt \tag{5.6}$$

部分積分により

$$[\exp(-st)p(t)]_0^\infty + sp[s] = -\gamma p[s] \tag{5.7}$$

$\exp(-s \times \infty) = 0$ だから左辺第 1 項目は $[\exp(-st)p(t)]_0^\infty = -p(0)$ となり，整理すると

$$(s+\gamma)p[s] = p(0) \tag{5.8}$$

すなわち，ラプラス空間での解はつぎのように代数計算で求まる．

$$p[s] = \frac{1}{s+\gamma}p(0) \tag{5.9}$$

これの原関数，すなわち実空間での解はすでに述べたように

$$p(t) = \exp(-\gamma t)p(0) \tag{5.10}$$

である．式 (5.9) から式 (5.10) を導出するのに関数 $G(t)$ の逆ラプラス変換公式

$$G(t) = \frac{1}{2\pi i}\int_{c-i\infty}^{c+i\infty} \exp(st)G[s]\, ds \tag{5.11}$$

を利用することができる．複素積分の留数定理を使うと容易に (5.10) が出てくることを簡単に示せる．このように，ラプラス変換を利用すると，定数係数の微分方程式の解を初期値の関数として簡単に求めることが可能である．

つぎに，2 階の微分方程式で記述される調和振動子の問題をラプラス変換で解いてみよう．

$$\frac{d^2}{dt^2}x = -\omega_0^2 x \tag{5.12}$$

$x(t)$ の 1 階微分と 2 階微分のラプラス変換が

$$\int_0^\infty \frac{d}{dt}x(t)\exp(-st)\,dt = sx[s] - x(0) \tag{5.13}$$

$$\int_0^\infty \frac{d^2}{dt^2}x(t)\exp(-st)\,dt = s^2x[s] - \dot{x}(0) - sx(0) \tag{5.14}$$

のようになることに注意すると (5.12) から

$$x[s] = \frac{\dot{x}(0) + sx(0)}{s^2 + \omega_0^2} \tag{5.15}$$

が得られる。関数

$$\frac{s}{s^2 + \omega_0^2} \tag{5.16}$$

の逆ラプラス変換が $\cos\omega_0 t$ となり，関数

$$\frac{\omega_0}{s^2 + \omega_0^2} \tag{5.17}$$

の逆ラプラス変換が $\sin\omega_0 t$ となることに注意すれば，つぎのような2個の初期値 $x(0), \dot{x}(0)$ の関数としての解析解（初期値問題の解）が得られる。

$$x(t) = x(0)\cos\omega_0 t + \dot{x}(0)\frac{1}{\omega_0}\sin\omega_0 t \tag{5.18}$$

つぎにラプラス変換の方法を行列に拡張して多変数の線形定数係数微分方程式を解くことを考えよう。この方法の有力な理由が納得できるようになるだろう。まず，式 (5.12) の調和振動子から始めよう。行列にすると $\vec{Z} = (x, v)^T$ として

$$\frac{d}{dt}\vec{Z} = \boldsymbol{M}\vec{Z} \tag{5.19}$$

ここに

$$\boldsymbol{M} = \begin{pmatrix} 0 & 1 \\ -\omega_0^2 & 0 \end{pmatrix} \tag{5.20}$$

となる。式 (5.19) の両辺にラプラス変換を適用すると

$$s\vec{Z}[s] - \vec{Z}(0) = \boldsymbol{M}\vec{Z}[s] \tag{5.21}$$

整理すると

$$(sE - \boldsymbol{M})\vec{Z}[s] = \vec{Z}(0) \tag{5.22}$$

したがって，ラプラス空間での解は

$$\vec{Z}[s] = (sE - M)^{-1}\vec{Z}(0) \tag{5.23}$$

となる。これをラプラス逆変換すると

$$\vec{Z}(t) = \exp(Mt)\vec{Z}(0) \tag{5.24}$$

となることがわかる。

M が行列なので $\exp(Mt)$ を時間領域で行列に変換するには 3 章に述べた線形代数の方法を適用すれば解 $\vec{Z}(t)$ が求まる。しかし，ここでは式 (5.23) を計算して解を求めることを考えてみよう。

$$\vec{Z}[s] = \begin{pmatrix} x[s] \\ v[s] \end{pmatrix} = \begin{pmatrix} s & -1 \\ \omega_0^2 & s \end{pmatrix}^{-1} \begin{pmatrix} x(0) \\ v(0) \end{pmatrix} \tag{5.25}$$

逆行列の計算を実行すると

$$\begin{pmatrix} x[s] \\ v[s] \end{pmatrix} = \begin{pmatrix} \dfrac{s}{s^2 + \omega_0^2} & \dfrac{1}{s^2 + \omega_0^2} \\ \dfrac{-\omega_0^2}{s^2 + \omega_0^2} & \dfrac{s}{s^2 + \omega_0^2} \end{pmatrix} \begin{pmatrix} x(0) \\ v(0) \end{pmatrix} \tag{5.26}$$

右辺の行列の積を計算すると次式を得る。

$$x[s] = \frac{s}{s^2 + \omega_0^2} x(0) + \frac{1}{s^2 + \omega_0^2} v(0) \tag{5.27}$$

$$v[s] = -\frac{\omega_0^2}{s^2 + \omega_0^2} x(0) + \frac{s}{s^2 + \omega_0^2} v(0) \tag{5.28}$$

したがって，これにラプラス逆変換を施せば，時間領域での解 $(x(t), v(t)$ 同時に) が簡単に得られる。

$$x(t) = \cos\omega_0 t\, x(0) + \frac{1}{\omega_0}\sin\omega_0 t\, v(0) \tag{5.29}$$

$$v(t) = -\omega_0 \sin\omega_0 t\, x(0) + \cos\omega_0 t\, v(0) \tag{5.30}$$

便利な関係式として，つぎの関数の分解公式

$$\frac{s}{s^2 + \omega_0^2} = \frac{1}{2}\left(\frac{1}{s - i\omega_0} + \frac{1}{s + i\omega_0}\right) \tag{5.31}$$

$$\frac{\omega_0}{s^2 + \omega_0^2} = \frac{1}{2i}\left(\frac{1}{s - i\omega_0} - \frac{1}{s + i\omega_0}\right) \tag{5.32}$$

である。これから，式 (5.31), (5.32) の関数は，指数関数の和や差で構成されていることがわかる。また，この関数の分母は，この系の固有値を決める特性

方程式に一致する．

$$s^2 + \omega_0^2 = \text{Det}(s\boldsymbol{E} - \boldsymbol{M}) = 0 \tag{5.33}$$

もちろん，上記の指数関数のラプラス逆変換の公式を使わずとも，式 (5.11) の複素関数の留数定理を用いて時間領域での解 (5.29)，(5.30) は式 (5.27)，(5.28) から直接計算できる．

3 章では外力駆動型（非斉次型）の微分方程式

$$\ddot{x} + \eta \dot{x} + \omega_0^2 x = f(t) \tag{5.34}$$

において，$f(t)$ が式 (3.2) のような指数関数の場合と，式 (3.33) のような余弦関数の特別な場合について考え，自励型（斉次型）の微分方程式に変換して解を求めた．ここでは，ラプラス変換を用いて直接解いてみよう．

$\vec{Z} = (x, v)^T$ と置いて行列形式に変換すると

$$\frac{d}{dt}\vec{Z}(t) = \boldsymbol{L}\vec{Z}(t) + \vec{F}(t) \tag{5.35}$$

ここで

$$\boldsymbol{L} = \begin{pmatrix} 0 & 1 \\ -\omega_0^2 & -\eta \end{pmatrix}, \quad \vec{F}(t) = \begin{pmatrix} 0 \\ f(t) \end{pmatrix} \tag{5.36}$$

となる．ラプラス変換すれば

$$s\vec{Z}[s] - \vec{Z}(0) = \boldsymbol{L}\vec{Z}[s] + \vec{F}[s] \tag{5.37}$$

これを整理して

$$(s\boldsymbol{E} - \boldsymbol{L})\vec{Z}[s] = \vec{Z}(0) + \vec{F}[s] \tag{5.38}$$

左から $(s\boldsymbol{E} - \boldsymbol{L})^{-1}$ を掛けると

$$\vec{Z}[s] = (s\boldsymbol{E} - \boldsymbol{L})^{-1}\vec{Z}(0) + (s\boldsymbol{E} - \boldsymbol{L})^{-1}\vec{F}[s] \tag{5.39}$$

ラプラス逆変換すれば，任意の外力 $f(t)$ に対する解が得られる．

$$\vec{Z}(t) = \exp(\boldsymbol{L}t)\vec{Z}(0) + \int_0^t d\tau \, \exp(\boldsymbol{L}(t-\tau))\vec{F}(\tau) \tag{5.40}$$

右辺第 1 項は初期値に依存する斉次解に対応し，第 2 項は初期値に依存しない特解に対応する．この解の形から，大きさ 1 のインパルスが外力 $\vec{F}(t) = \delta(t)\vec{1}$

として加わったときの応答は $\exp(\boldsymbol{L}t)$ で表現できることがわかる。

式 (5.40) の右辺第2項目の積分は畳込み積分にほかならず，2章で斉次型の微分方程式の基本解を用いて定数変化法で求めた一般解 (2.64) に完全に一致している。

このようにいろいろな解法を眺めてくると，ラプラス変換の利点が見えてくる。式 (5.40) のように積分を含む形にしてから解を求めるのでは式 (2.64) と変わらないのであまり利点を感じる人はいないだろう。式 (5.39) で $(s\boldsymbol{E}-\boldsymbol{L})^{-1}\vec{F}[s]$ の行列要素をあらかじめ計算しておいてから，この各要素にラプラス逆変換すれば答えが得られると期待される。さらに，$x(t)$ のみ求めればよい場合には，式 (5.34) の両辺に直接ラプラス変換を施してみると

$$x[s] = \frac{sx(0)+\dot{x}(0)}{s^2+\eta s+\omega_0^2} + \frac{f[s]}{s^2+\eta s+\omega_0^2} \tag{5.41}$$

が得られるので，部分分数に分解後，ラプラス逆変換すれば一般解が簡単に求まることになる。

5.2　フーリエ変換による解法

これまで見てきたような質点の時間変動を表現する微分方程式の場合には，初期値問題を解いている場合がほとんどであった。前節で述べたラプラス変換の方法は t を時間とすると区間 $t\in[0,\infty]$ で定義されているので初期値問題との相性がよく，実際，線形の定数係数微分方程式の解法に多用されている。

しかし，空間的に無限に広がった系 $x\in[-\infty,\infty]$ の挙動を解析する場合には，フーリエ解析を用いると都合がよい場合がある。ある場所から汚染物質や有毒物質などが発生し空間的に拡散しながら広がっていく問題を考えよう。このような問題は一般に式 (1.6) や式 (1.8) のような拡散方程式で表される。空間を1次元とし，物質の拡散係数を D，発生強度を $s(x)$ とし，また空間的にその一部は吸着などで失われる (消失率 μ) とすれば，つぎのような微分方程式で表現される。

$$\frac{\partial}{\partial t}y = D\frac{\partial^2}{\partial x^2}y - \mu y + s(x) \tag{5.42}$$

発生源は時間的に一定強度であるとし，空間的に原点に局在している

$$s(x) = s_0 \delta(x) \tag{5.43}$$

とすれば，$\partial y/\partial t = 0$ と置いて定常状態に注目した解析を行えば十分である。$\mu/D \equiv c^2$, $s_0/D \equiv s_1$ と置いて解析する。この微分方程式は定数変化法を用いて解くこともできるが，ここではフーリエ変換の方法を紹介する。式 (5.42) の両辺にフーリエ変換を施すと

$$\int_{-\infty}^{\infty} \exp(ikx)\frac{d^2}{dx^2}y\ dx - c^2 \int_{-\infty}^{\infty} \exp(ikx)\ y\ dx$$
$$+ \int_{-\infty}^{\infty} \exp(ikx)s_1\delta(x)\ dx = 0 \tag{5.44}$$

―――― コーヒーブレイク ――――

ロンスキアン

微分方程式の教科書を眺めると'ロンスキアン'という用語が目にとまる。ある閉区間 (a,b) 上で定義された n 個の関数 $f_1(x),\cdots,f_n(x)$ がこの区間上で $n-1$ 回微分可能であるとして，それらを $f'_k, f_k^{(2)},\cdots,f_k^{(n-1)}$ $(k=1,\cdots,n)$ と書くことにする。このとき行列式

$$W(x) = \begin{vmatrix} f_1(x) & f_2(x) & \cdots & f_n(x) \\ f'_1(x) & f'_2(x) & \cdots & f'_n(x) \\ \vdots & & & \vdots \\ f_1^{(n-1)}(x) & f_2^{(n-1)}(x) & \cdots & f_n^{(n-1)}(x) \end{vmatrix} \tag{16}$$

を関数 $f_1(x),\cdots,f_n(x)$ の**ロンスキアン**という。

ある微分方程式の解が関数 $f_1(x),\cdots,f_n(x)$ で表されているとすると，これらの解が1次従属であるための必要十分条件は定義域内の任意の点 x で $W(x) = 0$ を満たすことである。この行列式は，一般に，変数係数の微分方程式でも定数係数の微分方程式でも成立することが知られており，解の1次独立性（1次従属性）を議論するときには必須の概念である。

ここで，境界条件として y とその微分 dy/dx の無限遠での値はゼロであるとする．

$$y(\pm\infty) = \frac{d}{dx}y(\pm\infty) = 0 \tag{5.45}$$

このとき，y のフーリエ変換を

$$Y(k) \equiv \int_{-\infty}^{\infty} \exp(ikx)y(x)\,dx \tag{5.46}$$

で定義すれば，式 (5.44) よりフーリエ空間での解として

$$Y(k) = \frac{s_1}{k^2 + c^2} \tag{5.47}$$

が得られる．式 (5.47) を逆フーリエ変換すると実空間での解

$$y(x) = \frac{1}{2\pi}\int_{-\infty}^{\infty} \exp(-ikx)Y(k)\,dk = \frac{s_1}{2c}\exp(-c|x|) \tag{5.48}$$

が得られる．すなわち，原点で最大値をとり，原点の両側で指数関数的に減少する．

このような問題の例として，(ⅰ) 粒子（放射線や汚染物質など）の一定量の湧出しがあり，定常な空間分布が形成されている系，(ⅱ) 電荷がある場所に置かれており，そこから電場が形成されている系，などが考えられる．

5.3 まとめと応用例

ラプラス変換やフーリエ変換を用いた微分方程式の解法の応用範囲は広い．6章から8章では，時間と空間の両方に依存する偏微分方程式においても有力な解法となっていることを知るであろう．以下では確率・統計およびシステム工学に現れる問題への応用例を示す．

【例 5.1】

ある工場で不良品や欠損品が出る割合が λ であるとき，時刻 t までに n 個の不良品が生ずる微・差分方程式は次式のようになることが知られている．

$$\frac{d}{dt}p(n,t) = -\lambda p(n,t) + \lambda p(n-1,t) \quad (n \geq 1) \quad (5.49)$$

$$\frac{d}{dt}p(0,t) = -\lambda p(0,t) \quad (n=0) \quad (5.50)$$

これは，確率・統計では必ず学習する方程式であるが，これは n, t が変数となっている微・差分方程式である．初期条件 $p(n,0) = \delta_{n,0}$ の下で，解 $p(n,t)$ を求めるために，ラプラス変換を利用することもできる．$p(n,t)$ のラプラス変換を

$$p[n,s] \equiv \int_0^\infty \exp(-st)p(n,t)dt \quad (5.51)$$

で定義すると

$$sp[n,s] - p(n,0) = -\lambda p[n,s] + \lambda p[n-1,s] \quad (5.52)$$

整理すると，つぎのような n に関する差分方程式が得られる．

$$(\lambda+s)p[n,s] - \lambda p[n-1,s] = p(n,0) = \delta_{n,0} = 0 \quad (n \geq 1) \quad (5.53)$$

$$(\lambda+s)p[0,s] = 1 \quad (n=0) \quad (5.54)$$

ラプラス変換した空間 (複素空間 s) で簡単に漸化式は解け，$p[n,s] = \lambda^n/(s+\lambda)^{n+1}$ となる．よって，ラプラス逆変換ができれば $p(n,t)$ が得られることになる．

【例 5.2】

あるシステムの動的な性質はつぎのような方程式に従うとしよう．

$$\frac{d}{dt}x(t) = \int_0^t K(t-\tau)x(\tau)\,d\tau + f(t) \quad (5.55)$$

これは，微分・積分方程式と呼ばれる．ただし，$K(t)$ はラプラス変換が定義できる任意の核関数とする．ラプラス変換を用いて $x(t)$ を求めることを考えよう．変数 $Q(t)$ のラプラス変換を

$$Q[s] \equiv \int_0^\infty \exp(-st)Q(t)dt \quad (5.56)$$

と書くことにすれば

$$x[s] = \frac{x(0)}{s - K[s]} + \frac{f[s]}{s - K[s]} \tag{5.57}$$

となり，入力 $f(t)$ および出力 $x(t)$ が与えられたとき，$K(t)$ を推定するのも簡単に計算できる．

このほかにも沢山の応用が考えられるが，拡散方程式や波動方程式などの偏微分方程式への応用については，7章および8章で詳しく紹介する．

演 習 問 題

5.1 減衰項と外力項のある調和振動子の微分方程式

$$\ddot{x} + \eta\dot{x} + \omega_0^2 x = f(t) \tag{q5.1}$$

ただし，(i) $f(t) = f_0 \exp(-\gamma t)$，および，(ii) $f(t) = f_0 \cos\omega t$，をラプラス変換を用いて解け．

5.2 フーリエ変換を用いて空間3次元の等方媒質における微分方程式

$$D\nabla^2 y(\vec{r}) - \mu y(\vec{r}) + s_0 \delta(\vec{r}) = 0 \tag{q5.2}$$

を解け．ただし，∇^2 を直交座標 (x, y, z) の代わりに極座標 (r, θ, φ) で表現すると

$$\nabla^2 \phi = \frac{1}{r^2}\frac{\partial}{\partial r}(r^2 \frac{\partial}{\partial r}\phi) + \frac{1}{r^2 \sin\theta}\frac{\partial}{\partial \theta}(\sin\theta \frac{\partial}{\partial \theta}\phi) + \frac{1}{r^2 \sin^2\theta}\frac{\partial^2}{\partial \varphi^2}\phi \tag{q5.3}$$

であり複雑に見えるが媒質が等方的であり，湧出しが点なので角度 (θ, φ) 依存性がすべて消えて簡単になる．

5.3 式 (5.53) および式 (5.54) から $p[n, s]$ を計算し，時間領域に戻して $p(n, t)$ の表式を求めよ．

5.4 式 (5.55) にラプラス変換を適用して，式 (5.57) を導出せよ．

6 境界値問題の解法

6.1 境界値問題

工学の問題にはさまざまな境界値問題が現れる。出発点 $x=a$ と到着点 $x=b$ の二つの場所で境界条件が与えられる場合，例えば，力学変数を $y(x)$ として

$$y(a) = A, \qquad y(b) = B \tag{6.1}$$

のように表現される。このような境界条件は「第 1 種の境界条件」と呼ばれる。

また，つぎに示すような $x=a$ での微分と $x=b$ での値が制約のある「第 2 種」の境界条件

$$y'(a) = A, \qquad y(b) = B \tag{6.2}$$

($y'(x)$ は $y(x)$ の x に関する微分を表す) や，$x=a$, $x=b$ での値と微分が混じった「第 3 種」の境界条件

$$\alpha_1 y(a) + \alpha_2 y'(a) = 0, \qquad \beta_1 y(b) + \beta_2 y'(b) = 0 \tag{6.3}$$

などがある。

第 1 種の境界条件が関係する例としては，ロケットを打ち上げてある所定の場所に到達させる問題がある。境界条件のある伝統的な問題としては梁の振動の問題が有名である。これらについては後に取り上げることにして，簡単な例題から始めてみよう。

6.2 最も簡単な例題

2階の線形微分方程式

$$y''(x) + \lambda y(x) = 0 \tag{6.4}$$

($y''(x)$ は $y(x)$ の x に関する2階微分を表す) を境界値問題として解いてみよう。ここで，上式の境界条件は第1種

$$y(0) = y(\ell) = 0 \tag{6.5}$$

であるとする。λ の値は正と負とゼロで分類して考える。

（ⅰ）$\lambda < 0$ の場合，解は

$$y(x) = c_1 \exp(\sqrt{-\lambda}x) + c_2 \exp(-\sqrt{-\lambda}x) \tag{6.6}$$

と書けるから，境界条件を満足するためには $c_1 = c_2 = 0$ となっている必要がある。すなわち

$$y = 0 \tag{6.7}$$

が解である。

（ⅱ）$\lambda = 0$ の場合

$$y(x) = c_1 x + c_2 \tag{6.8}$$

という型になっているはずであるが，これも境界条件を満足するためには $c_1 = c_2 = 0$ となっていなければならず

$$y = 0 \tag{6.9}$$

が解である。

最後に (ⅲ) $\lambda > 0$ の場合を考えると

$$y(x) = c_1 \cos\sqrt{\lambda}x + c_2 \sin\sqrt{\lambda}x \tag{6.10}$$

となり調和振動子の解とまったく同型である。境界条件を満足するためには

$$c_1 = 0, \quad \sin\sqrt{\lambda}\ell = 0 \tag{6.11}$$

すなわち

$$\lambda_n = \left(\frac{n\pi}{\ell}\right)^2 \quad (n = 1, 2, ...) \tag{6.12}$$

となっている必要がある.しかるに,一般解はこれらの固有関数 $\sin(n\pi x/\ell)$ を無限個 $(n = 1, 2, ...)$ 重ね合わせて表現できる.

$$y(x) = \sum_{n=1}^{\infty} a_n \sin\left(\frac{n\pi}{\ell}x\right) \tag{6.13}$$

6.3 糸の変位と梁のたわみ

水平に張られた糸の鉛直方向への変位を考える.糸の自重やおもりの存在によって糸は変位する.単位長さ当り $f(x)$ の鉛直力が働くとすれば,変位の方程式は

$$T\frac{d^2y}{dx^2} = -f(x) \tag{6.14}$$

と表現される.水平に張られた糸は両端で固定されているとする.

$$y(0) = y(\ell) = 0 \tag{6.15}$$

このときの解を求めよう.

糸に全く力が働かない場合に対応する斉次方程式

$$T\frac{d^2y}{dx^2} = 0 \tag{6.16}$$

の独立な二つの解は,境界条件 (6.15) を考慮すれば

$$y_1(x) = x, \quad y_2(x) = \ell - x \tag{6.17}$$

であるから,一般解は c_1, c_2 を積分定数として

$$y(x) = c_1 x + c_2(\ell - x) \tag{6.18}$$

となるが,外力が働いていないときには $c_1 = c_2 = 0$ となり,$y(x) = 0$ (すなわち,変位なし) が解である.

さて，$x = \xi$ に大きさ 1 の外力が働いている場合を考えよう．図 **6.1** からも示唆されるように，$x = \xi$ の右側と左側では張力の様子が異なる．解をここでつなぎ合わせる必要がある．しかし，この方法は初等的でないので，以下では簡単な方法を用いる．

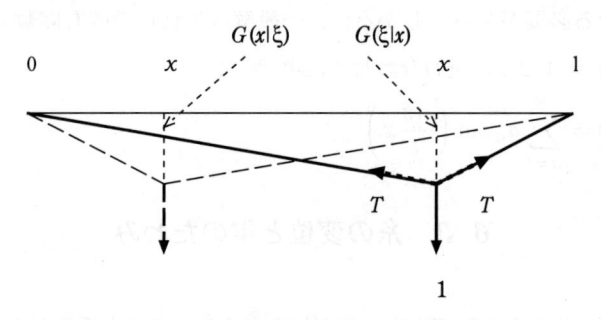

図 6.1 $x = \xi$ に単位 1 の大きさの外力が働いているときの変位の様子とグリーン関数 $G(x|\xi)$ および $G(\xi|x)$ の関係

この大きさ 1 の外力が $x = \xi$ に働いている場合の解を $G(x|\xi)$ と書くと，これはつぎの方程式を満足する．

$$T\frac{d^2}{dx^2}G(x|\xi) = -\delta(x-\xi) \tag{6.19}$$

この方程式を解くために，δ 関数を境界条件 (6.15) を満足する固有関数で展開する (付録 E 参照)．

$$\delta(x-\xi) = \frac{2}{\ell}\sum_{n=1}^{\infty} \sin\frac{n\pi x}{\ell} \sin\frac{n\pi \xi}{\ell} \tag{6.20}$$

同様にして解 $G(x|\xi)$ を固有関数展開の形に仮定する．

$$G(x|\xi) = \frac{2}{\ell}\sum_{n=1}^{\infty} a_n \sin\frac{n\pi x}{\ell} \sin\frac{n\pi \xi}{\ell} \tag{6.21}$$

これを式 (6.19) に代入すると，両辺が等しくなるためには，係数が

$$a_n = \frac{1}{T}\frac{1}{\left(\frac{n\pi}{\ell}\right)^2} \tag{6.22}$$

となっていなければならないことがわかる．公式

に注意すれば

$$2\sum_{n=1}^{\infty}\frac{\sin n\pi x \sin n\pi\xi}{(n\pi)^2} = \begin{cases} x(1-\xi) & (0 \leqq x \leqq \xi) \\ \xi(1-x) & (\xi < x \leqq \ell) \end{cases} \quad (6.23)$$

$$G(x|\xi) = \frac{1}{T}\begin{cases} \dfrac{1}{\ell}x(\ell-\xi) & (0 \leqq x \leqq \xi) \\ \dfrac{1}{\ell}\xi(\ell-x) & (\xi < x \leqq \ell) \end{cases} \quad (6.24)$$

したがって,任意の強さの外力 $f(x)$ が働いている場合にはそれらを重ね合わせた次式が解となる.

$$y(x) = \int_0^\ell G(x|\xi)f(\xi)\,d\xi \quad (6.25)$$

物理や工学の分野では,このような関数 $G(x|\xi)$ は最初にこのような方法を発見した科学者の名前にちなんでグリーン (Green) 関数と呼んでおり,この様な解析法をグリーン関数法という.

6.4 前節の問題の別解

式 (6.19) は $\xi \neq x$ のときには

$$\frac{d^2}{dx^2}G(x|\xi) = 0 \quad (6.26)$$

となるから,この解は a_0, a_1 を未定の定数として

$$G(x|\xi) = a_0 x + a_1 \quad (6.27)$$

の型の解をもつ.境界条件から

$$G(0|\xi) = 0, \quad G(\ell|\xi) = 0 \quad (6.28)$$

でなければならない.また, x と ξ を交換しても値が変わらない $G(x|\xi) = G(\xi|x)$ (相反定理) ことを考慮すると,b_1, b_2 を定数としてつぎのように書ける.

(i) $0 \leqq x \leqq \xi$ のとき

$$G(x|\xi) = b_1 x(\ell-\xi) \quad (6.29)$$

(ii) $0 \leq \xi \leq x$ のとき

$$G(x|\xi) = b_2\xi(\ell - x) \tag{6.30}$$

ここで，$x = \xi$ のとき両者は同じ値になるべきだから $b_1 = b_2 = b$ である．

さて，この b を決めるために式 (6.19) を，$x = \xi$ をはさむ微小区間で積分してみよう．

$$T\int_{\xi-0}^{\xi+0}\frac{d^2}{dx^2}G(x|\xi)dx = T\left\{\frac{d}{dx}G(x|\xi)|_{x=\xi+0} - \frac{d}{dx}G(x|\xi)|_{x=\xi-0}\right\}$$

$$= -\int_{\xi-0}^{\xi+0}\delta(x-\xi)dx = -1 \tag{6.31}$$

これは，$G(x|\xi)$ の微分には $x = \xi$ に 'とび' があることを意味する．上で求めた $G(x|\xi)$ をこれに代入すると

$$Tb\ell = 1 \tag{6.32}$$

が得られる．これから，b が決まる．

$$b = \frac{1}{T\ell} \tag{6.33}$$

したがって，グリーン関数は

$$G(x|\xi) = \frac{1}{T\ell}\begin{cases} x(\ell - \xi) & (0 \leq x \leq \xi) \\ \xi(\ell - x) & (\xi < x \leq \ell) \end{cases} \tag{6.34}$$

となる．荷重に分布 $f(x)$ がある場合の解は重ね合せの原理を用いて

$$y(x) = \int_0^\ell G(x|\xi)f(\xi)d\xi \tag{6.35}$$

で求まる．

6.5 まとめと応用例

弾性棒 (梁) のたわみの方程式も，E をヤングの弾性係数，I を断面 2 次モーメント，$M(x)$ を曲げモーメントとすれば，次式で与えられる．

$$EI\frac{d^2y}{dx^2} = -M(x) \tag{6.36}$$

ここで，両端 $x = 0$，$x = \ell$ が単純支持ならば，境界条件は

> コーヒーブレイク

4階微分の場の起源

弾性棒（梁）のたわみの解析には4階微分の場

$$EI\frac{\partial^4 y(x)}{dx^4} = W(x) \tag{17}$$

を計算する必要があった。なぜこのような高階微分が現れる必然性があるのだろうか。このことを理解するために，2次元三角格子の頂点におもりを配し，各頂点間をばねで結んだシステムを考えよう（図 **5**）。

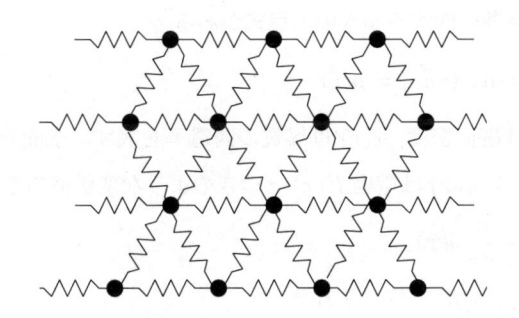

図 5 おもりとばねからなる2次元の三角格子

連続体極限を考えると，荷重がないとき，x 方向の変位 u および y 方向の変位 v に関する釣合いの方程式は

$$\nabla^2 u + 2\frac{\partial}{\partial x}\left(\frac{\partial u}{\partial x} + \frac{\partial v}{\partial y}\right) = 0 \tag{18}$$

$$\nabla^2 v + 2\frac{\partial}{\partial y}\left(\frac{\partial u}{\partial x} + \frac{\partial v}{\partial y}\right) = 0 \tag{19}$$

$$\nabla^2 = \frac{\partial^2}{\partial x^2} + \frac{\partial^2}{\partial y^2} \tag{20}$$

となる。この二つの方程式から，一方の変数 u または v を消去すると次式が得られる。

$$\nabla^4 u = 0 \quad (\nabla^4 v = 0) \tag{21}$$

正方格子は形状を自分で保つような性質をもたない。これは連続極限で変位が独立な拡散場で表現されることに対応する。現実の固体の変形や運動は，三角格子のように x 方向の変位 u および y 方向の変位 v の運動が相互に依存しあって形状を保存するように働く性質が強く，これが高階微分の場の出現と関係している。

$$y(0) = 0, \quad y(\ell) = 0 \tag{6.37}$$

となる．左端 $x=0$ が固定で右端 $x=\ell$ が自由ならば，左端で変位もモーメントも存在しないので，境界条件は

$$y(0) = y'(0) = 0 \tag{6.38}$$

となる．

このような境界値問題は数が多い．電磁気学では，マクスウェルの方程式の中に電場 $\vec{E}$ の発散に関するつぎの方程式がある．

$$\nabla \cdot \epsilon \vec{E} = \mathrm{div}\,(\epsilon \vec{E}) = \rho(\vec{r}) \tag{6.39}$$

ここで，$\rho(\vec{r})$ は電荷密度，$\epsilon(\vec{r})$ は媒質の誘電率を表す．空間を 1 次元とすると，ポテンシャル $\phi(x)$ は電場 $E(x)$ とつぎのような関係がある．

$$E(x) = -\frac{d}{dx}\phi(x) \tag{6.40}$$

誘電率 $\epsilon(\vec{r})$ が空間的に一様であれば

$$\frac{d^2}{dx^2}\phi = -\frac{\rho(x)}{\epsilon} \tag{6.41}$$

となり，数学的には梁のたわみの問題と同類の方程式となっていることがわかる．

演 習 問 題

6.1 梁のたわみの問題を式 (6.36) のモデルで考えよう．境界条件 (6.37) のとき，荷重 W が中心に集中している場合の解 $y(x)$ を求めよ．また，$x = \ell/2$ での変位 $y(\ell/2)$ を求めよ．

6.2 梁のたわみの問題を式 (6.36) のモデルで考え，境界条件を変更して式 (6.38) で与えられ，また，荷重 W も $x = \ell$ に集中している場合の解を求めよ．また，$x = \ell$ での変位 $y(\ell)$ を求めよ．

6.3 上記の問題をグリーン関数法以外の方法を用いて解け．

7

偏微分方程式の解法 I

工学に現れる様々な物理現象を記述し，予測や制御に利用するために下記のような偏微分方程式が広く用いられている。

(a) 拡散方程式
$$\frac{\partial}{\partial t}c(\vec{r},t) = D\ \nabla^2 c(\vec{r},t) \tag{7.1}$$

ここで，$c(\vec{r},t)$ は物質の密度，濃度，または温度などを表すスカラ変数であり，D は拡散係数である。

(b) ナビエ・ストークス (Navier-Stokes) 方程式
$$\frac{\partial}{\partial t}\vec{v}(\vec{r},t) + \vec{v}(\vec{r},t)\cdot\nabla\vec{v}(\vec{r},t) - \nu\nabla^2\vec{v}(\vec{r},t) = -\frac{1}{\rho}\nabla P \tag{7.2}$$

ここで，$\vec{v}(\vec{r},t)$ は流体の速度ベクトル，ν は粘性係数，ρ は流体の密度，P は圧力を表す。

(c) 波動方程式
$$\frac{\partial^2}{\partial t^2}\vec{u}(\vec{r},t) - c^2\nabla^2\vec{u}(\vec{r},t) = 0 \tag{7.3}$$

ここで，$\vec{u}(\vec{r},t)$ は波の振幅ベクトル，c は波の速度を表す。

拡散方程式は汚染物質の大気中，海洋，河川や地中での拡散過程の解析に利用されている。ナビエ・ストークス方程式は雨雲の動きや台風の進路など天気予報の予測計算に重要な役割を果たしている。また，最近は，きわめて日常的な事象となった携帯電話通信，無線 LAN，テレビ局からの電波などの伝搬は波動方程式で記述される。

実際の応用に際しては，3次元の方程式を用い，さまざまな境界条件の下で解析を行う必要がある．しかし，そのような解析はかなり高度な知識や大掛かりな計算が要求される．以下では，簡単な空間1次元の偏微分方程式のみを取り上げ，その解法の初歩と単純な境界条件の下での解とその性質を学習する．

7.1 拡散方程式 I

空間1次元の無限大体系 $(-\infty < x < \infty)$ で最も簡単な1次元の拡散方程式

$$\frac{\partial}{\partial t}u = D\frac{\partial^2}{\partial x^2}u \tag{7.4}$$

を初期条件 $u(x,0) = f(x)$ の下で解くことを考えよう．$u(x,t) > 0$ は煙粒子，汚染物質濃度，雲中の水滴濃度，物体の温度などを表す正実数の変数である．空間1次元無限大体系なのでフーリエ変換を用いた解法が適していると予想される．

フーリエ変換

$$U(k,t) \equiv \int_{-\infty}^{\infty} u(x,t)\exp(ikx)\,dx \tag{7.5}$$

を式 (7.4) に適用すれば，つぎのような1階の常微分方程式が得られる．

$$\frac{d}{dt}U(k,t) = -Dk^2 U(k,t) \tag{7.6}$$

この時間積分は容易に実行できフーリエ空間での解は

$$U(k,t) = U(k,0)\exp(-Dk^2 t) \tag{7.7}$$

となる．したがって，フーリエ逆変換の公式より実空間での解はつぎのようになる．

$$u(x,t) = \frac{1}{2\pi}\int_{-\infty}^{\infty} U(k,0)\exp(-Dk^2 t)\exp(-ikx)\,dk \tag{7.8}$$

ここで，初期波形 $u(x,0) = f(x)$ と仮定したので，そのフーリエ変換は

$$U(k,0) = \int_{-\infty}^{\infty} f(y)\exp(iky)\,dy \tag{7.9}$$

となる．

この $U(k,0)$ あるいは $f(x)$ が単純な関数の場合には，解が解析的に求まる場合がある．ここで，式 (7.9) を式 (7.8) に代入して，積分の順序を交換して整理すると

$$u(x,t) = \int_{-\infty}^{\infty} dy f(y) \frac{1}{2\pi} \int_{-\infty}^{\infty} dk \exp\left(-ik(x-y) - Dtk^2\right) \quad (7.10)$$

が得られる．積分公式 (巻末付録 B 参照)

$$\int_{-\infty}^{\infty} \exp(-a^2 y^2) \exp(iby) \, dy = \frac{\sqrt{\pi}}{a} \exp\left(-\frac{b^2}{4a^2}\right) \quad (7.11)$$

を利用すれば解は次式で与えられる．

$$u(x,t) = \int_{-\infty}^{\infty} dy f(y) \frac{1}{\sqrt{4\pi Dt}} \exp\left(-\frac{(x-y)^2}{4Dt}\right) \quad (7.12)$$

これは，初期条件で空間の各点に分散された初期値 $f(y)$ の影響を重みとして関数 (これは前節のグリーン関数に等しい)

$$G(x|y,t) = \frac{1}{\sqrt{4\pi Dt}} \exp\left(-\frac{(x-y)^2}{4Dt}\right) \quad (7.13)$$

で重ね合わせたものが解になっていることを示す．すなわち，大きさ 1 のインパルスが原点に与えられた場合，$f(x) = \delta(x)$ の解は

$$G(x|0,t) = \frac{1}{\sqrt{4\pi Dt}} \exp\left(-\frac{x^2}{4Dt}\right) \quad (7.14)$$

となる．

解析関数では表現されないような複雑な初期条件 $f(x)$ の場合には解はもちろん解析的には表現できないが，数値計算では任意の初期条件 $f(x)$ を与えたときの解は容易に計算できる．$D = 1$ としたとき，$G(x|0,t)$ の時間変化の様子を図示すると**図 7.1** のようになる．時間が経過するにつれてピークの値が小さくなってゆき，空間的に広がっていく様子が観察される．

式 (7.12) で初期値が正規分布 $f(y) = \exp(-y^2/2\sigma_0^2)$ の場合には

$$u(x,t) = \frac{\sigma_0}{\sqrt{4Dt + \sigma_0^2}} \exp\left(-\frac{x^2}{4Dt + 2\sigma_0^2}\right) \quad (7.15)$$

となる．ここで，上式を導く際に公式 (巻末付録 B 参照)

$$\int_{-\infty}^{\infty} dy \exp(-a^2 y^2) \exp(-b^2(x-y)^2) = \frac{\sqrt{\pi}}{\sqrt{a^2+b^2}} \exp\left(-\frac{a^2 b^2}{a^2+b^2} x^2\right)$$
$$(7.16)$$

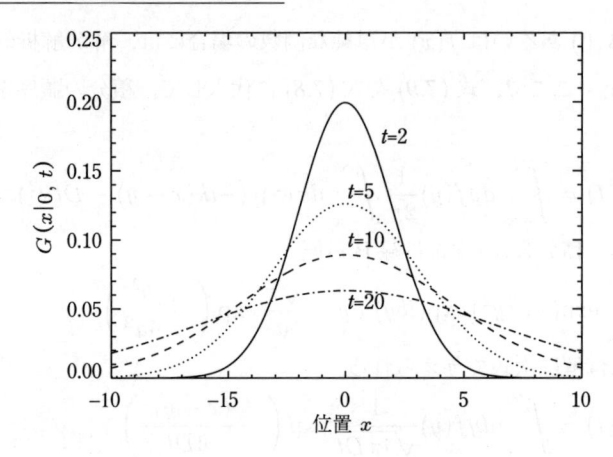

図 **7.1** 関数 $G(x|0,t)$ の時間,空間変動の様子

を利用した。

7.2 拡散方程式 II

つぎに,拡散が空間の右半面に限定されている場合,$x > 0$ の拡散現象を考えよう。

$$\frac{\partial}{\partial t}u = D\frac{\partial^2}{\partial x^2}u \tag{7.17}$$

$u(x,t) > 0$ および $0 < x < \infty$ とし,初期条件と境界条件はそれぞれ次式で与えられるとしよう。

$$u(x,0) = 0, \quad u(0,t) = f(t) \tag{7.18}$$

すなわち,原点 $x = 0$ での時間変動が半無限体系影響する状況を考える。このような問題の例として,物体の温度,汚染物質の濃度などが一定に保たれている場合などがある。また,工業的な応用では,半導体などの固体の材料に表面から不純物を拡散させて,所定の割合で不純物を含んだ材料を作成するなどの応用もある。

$u(x,t)$ のラプラス変換を次式で定義する。

7.2 拡散方程式 II

$$U(x,s) \equiv \int_0^\infty \exp(-st)u(x,t)dt \tag{7.19}$$

式 (7.17) の両辺をラプラス変換し，境界条件 (7.18) を考慮すると次式を得る．

$$\frac{d^2}{dx^2}U - \frac{s}{D}U = 0 \tag{7.20}$$

この2階常微分方程式の解は，A, B を未定の定数としてつぎのような線形和

$$U(x,s) = A\exp\left(-\sqrt{\frac{s}{D}}x\right) + B\exp\left(+\sqrt{\frac{s}{D}}x\right) \tag{7.21}$$

となる．ここで，$x \to \infty$ のとき，$U \to$ 有限値であるためには，$B = 0$ となっている必要がある．よって，境界条件 (7.18) から

$$U(0,s) = F[s] = \int_0^\infty \exp(-st)f(t)dt = A \tag{7.22}$$

よってラプラス空間での解はつぎのようになる．

$$U(x,s) = F[s]\exp\left(-\sqrt{\frac{s}{D}}x\right) \tag{7.23}$$

これは二つの関数の積であるから，ラプラス逆変換公式より任意関数 $f(t)$ の時間変動に対する解は畳込み積分の型になる．

$$u(x,t) = \int_0^t dt' G(x,t-t')f(t') \tag{7.24}$$

ここで

$$G(x,\tau) = \frac{1}{\sqrt{4D\pi\tau^3}}\exp\left(-\frac{x^2}{4D\tau}\right) \tag{7.25}$$

となる．

具体的な関数として $f(t) = u_0 H(t)$(ステップ関数) のとき，$F[s] = u_0/s$ だから，ラプラス変換公式

$$\int_0^\infty \exp(-st)\mathrm{erfc}\left(\frac{k}{2\sqrt{t}}\right)dt = \frac{1}{s}\exp(-k\sqrt{s}) \tag{7.26}$$

を利用して解を求めることができる．式 (7.26) で，$\mathrm{erfc}(x)$ は余誤差関数

$$\mathrm{erfc}(x) = \frac{2}{\sqrt{\pi}}\int_x^\infty \exp(-y^2)dy \tag{7.27}$$

を表す．式 (7.26) で $k \to x/\sqrt{D}$ と読み換えれば，解 $u(x,t)$ はつぎのようになる．

$$u(x,t) = u_0 \, \text{erfc}\left(\frac{x}{2\sqrt{Dt}}\right) = u_0\left(1 - \text{erf}\left(\frac{x}{2\sqrt{Dt}}\right)\right) \tag{7.28}$$

ここで，erf(x) は誤差関数である（巻末付録 C 参照）．式 (7.24) から解 (7.28) を導出するのに，もちろんラプラス逆変換を用いてもよい．**図 7.2** には，$u_0 = D = 1$ とした場合の $u(x,t)$ の様子を示した．

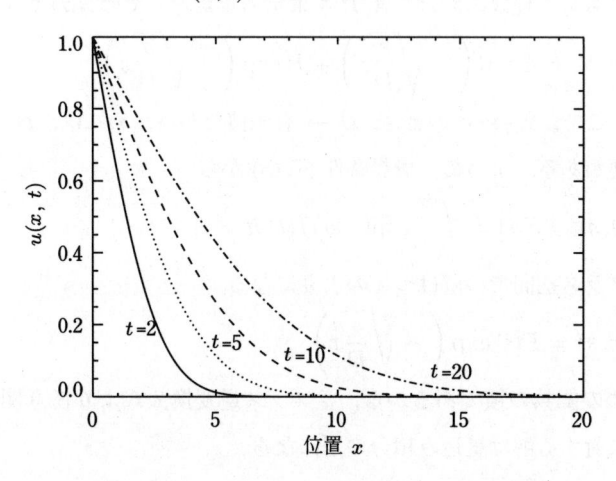

図 7.2 物理量 $u(x,t)$ の時間，空間変動の様子

もし，ほかの条件は上記と同じとし，初期条件として空間原点に大きさ 1 のインパルスを与えた $f(t) = \delta(t)$ 場合の時間変化 (インパルス応答) は，ラプラス変換公式

$$\int_0^\infty \exp(-st) t^{-3/2} \exp\left(-\frac{k^2}{4t}\right) dt = \frac{2\sqrt{\pi}}{k} \exp(-k\sqrt{s}) \tag{7.29}$$

に注意して，$k \to x/\sqrt{D}$ と置いて，次式を得る．

$$u(x,t) = \frac{x}{\sqrt{4\pi D t^3}} \exp\left(-\frac{x^2}{4Dt}\right) \tag{7.30}$$

$u_0 = D = 1$ のときの様子は**図 7.3** に示す．

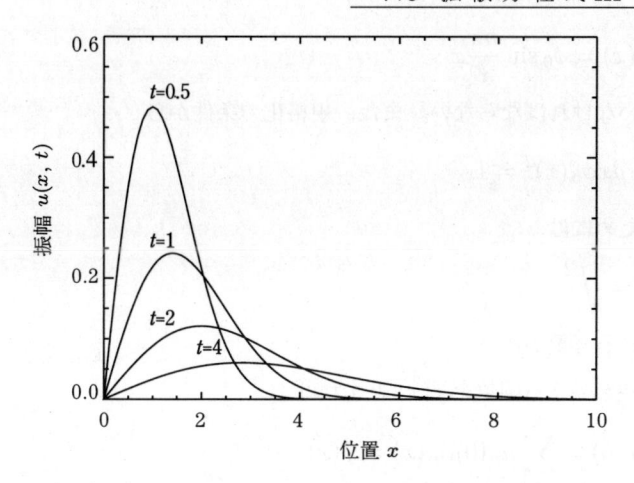

図 7.3 物理量 $u(x,t)$ の時間，空間変動の様子

7.3 拡散方程式 III

さて，最後に空間 1 次元で両端に境界が存在する場合を考える。

$$\frac{\partial}{\partial t}u = D\frac{\partial^2}{\partial x^2}u \tag{7.31}$$

ここで，$u(x,t) > 0$, $0 < x < \ell$ とし，境界条件としては，$u(0,t)$, $u(\ell,t)$, $u_x(0,t)$, $u_x(\ell,t)$ のうちの 2 個が与えられていれば境界値問題は解ける。ここでは，最も単純な場合

$$u(0,t) = u(\ell,t) = 0 \tag{7.32}$$

すなわち，両端が 0 になるように抑え込まれている条件の下で考える。解の形をつぎのような級数和（フーリエ級数展開，あるいはモード展開）の型に仮定しよう。

$$u(x,t) = \sum_{n=1}^{\infty} a_n(t)\phi_n(x) \tag{7.33}$$

ただし，空間に関する固有関数は式 (7.31) を満足するためには

$$\phi_n(x) = \phi_0 \sin \frac{n\pi}{\ell} x \tag{7.34}$$

となっていなければならない．また，規格化の条件から

$$\int_0^\ell dx \phi_n(x)^2 = 1 \tag{7.35}$$

を満たすためには

$$\phi_0 = \sqrt{\frac{2}{\ell}} \tag{7.36}$$

となっている必要がある．

初期条件を与える関数を $f(x)$ とすれば

$$u(x,0) = \sum_{n=1}^\infty a_n(0)\phi_n(x) = f(x) \tag{7.37}$$

であるから

$$a_m(0) = \int_0^\ell f(x)\phi_m(x)dx \tag{7.38}$$

が得られる．しかし，$a_n(t)$ の時間変化が決定されていないことに注意する．これを決めるために，式 (7.33) を式 (7.31) に代入して

$$\sum_{n=1}^\infty \dot{a}_n(t)\phi_n(x) = -D \sum_{n=1}^\infty \left(\frac{n\pi}{\ell}\right)^2 a_n(t)\phi_n(x) \tag{7.39}$$

が得られる．両辺に $\phi_m(x)$ を掛けて積分を実行すれば

$$\int_0^\ell \phi_n(x)\phi_m(x)\,dx = \delta_{mn} \tag{7.40}$$

(ここで，δ_{mn} はクロネッカーの δ と呼ばれ，$m=n$ のときのみ 1 となる関数である) に注意して，つぎのような $a_n(t)$ についての常微分方程式を得る．

$$\dot{a}_n(t) = -D\left(\frac{n\pi}{\ell}\right)^2 a_n(t) \tag{7.41}$$

この方程式の解は次式で与えられる．

$$a_n(t) = a_n(0) \exp\left(-D\left(\frac{n\pi}{\ell}\right)^2 t\right) \tag{7.42}$$

式 (7.34), (7.38) および式 (7.42) を式 (7.33) に代入して整理すれば，初期値問題の解は最終的につぎのように表現される．

$$u(x,t) = \int_0^\ell G(x|\xi,t)f(\xi)\,d\xi \tag{7.43}$$

ここで
$$G(x|\xi,t) = \frac{2}{\ell} \sum_{n=1}^{\infty} \exp\left(-D\left(\frac{n\pi}{\ell}\right)^2 t\right) \sin\frac{n\pi x}{\ell} \sin\frac{n\pi \xi}{\ell} \quad (7.44)$$
であり，この関数は前節で議論したグリーン関数を時間・空間の両方に依存した問題に一般化したものに対応する．

7.4 ま と め

(1) 本章では，拡散現象をさまざまな境界条件の下で解いてみた．無限に広がった系では解が
$$u(x,t) \propto \frac{1}{\sqrt{4\pi Dt}} \exp\left(-\frac{x^2}{4Dt}\right) \quad (7.45)$$
のようになって，分散 $\sigma^2 = 2Dt$ をもつ正規分布の形になった．無限に広がった系での拡散方程式の解は

―――― コーヒーブレイク ――――

拡散方程式と流体力学方程式の関係
拡散方程式
$$f_t(x,t) = f_{xx}(x,t) \quad (22)$$
を学習したが，拡散方程式の解を
$$u(x,t) = -\frac{f_x}{f} = -\frac{\partial}{\partial x}\ln f(x,t) \quad (23)$$
のように変数変換すると，簡単な計算の結果 $u(x,t)$ はつぎの偏微分方程式に従う．
$$u_t + 2u u_x = u_{xx} \quad (24)$$
これはバーガース方程式と呼ばれる流体力学方程式（ナビエ・ストークス方程式）の空間1次元版であることがわかる．逆に，非線形の偏微分方程式 (24) でも式 (23) の変数変換を行えば，線形の方程式 (22) に帰着され，解析解が得られる場合が存在することを意味する．このような積分可能な類の方程式系は**可積分系**と呼ばれ，盛んに研究され可積分な非線形方程式の構造が明らかにされている．

$$u(x,t) = \exp(A(t)x^2 + B(t)x + C(t)) \tag{7.46}$$

のように仮定すると，A, B, C に関する常微分方程式の組に変換 (すなわち，$\dot{A} = 4DA^2$, $\dot{B} = 4DAB$ および $\dot{C} = D[2A + B^2]$) して解くこともできる†．

(2) 半無限の系では，ラプラス変換した空間では式 (7.21) から，一見すると解の空間形状は指数分布になっているように思えるが，誤差関数が

$$\mathrm{erfc}(x) = \frac{2}{\sqrt{\pi}} \int_x^\infty \exp(-y^2) dy \tag{7.47}$$

で定義されることを考えると，実空間ではやはり正規分布を基調とした関数になっていることがわかる．

(3) 発生源が存在する場合の拡散方程式は

$$u_t = c^2 u_{xx}(x,t) + F(x,t) \tag{7.48}$$

の場合の解は

$$\begin{aligned}u(x,t) &= \int_{-\infty}^\infty d\xi f(\xi) G(x|\xi, t) \\ &+ \int_0^t d\tau \int_{-\infty}^\infty d\xi F(\xi, \tau) G(x|\xi, t-\tau)\end{aligned} \tag{7.49}$$

右辺第一項目が初期値問題の解，第二項目が特解を表す (各自確かめよ)．

演 習 問 題

7.1 両端で熱交換を行っている 1 次元の棒 ($0 \leq x \leq \ell$) の問題を考えよう．基礎方程式は

$$\frac{\partial}{\partial t} u = D \frac{\partial^2}{\partial x^2} u \tag{q7.1}$$

である．棒の各点での熱フラックスは，その点での温度勾配に比例する．両端では

$$q(0, t) = D \left.\frac{\partial u}{\partial x}\right|_{x=0} \tag{q7.2}$$

$$q(\ell, t) = -D \left.\frac{\partial u}{\partial x}\right|_{x=\ell} \tag{q7.3}$$

---
† 詳しくは，金野秀敏：「応用確率・統計入門」，現代工学社，pp.73~74 を参照．

また，棒と接触している壁の温度を $u_0 = 0$ とすれば，棒と壁の間の熱フラックスは

$$q = \alpha(u - u_0) \tag{q7.4}$$

となっているから，境界条件はつぎのようになる．

$$\frac{\partial u}{\partial x} - hu = 0 \quad (x = 0) \tag{q7.5}$$

$$\frac{\partial u}{\partial x} + hu = 0 \quad (x = \ell) \tag{q7.6}$$

ここで，$h = \alpha/D$ である．初期条件 $u(x,0) = f(x)$ の下で $u(x,t)$ を求めよ．

7.2 端部温度が時間的に変化する場合の1次元の棒 $(0 \leq x \leq \ell)$ の温度分布を求める問題を考えよう．つぎのような境界条件の下で，解 $u(x,t)$ を求めよ．

$$u(0,t) = f(t), \quad u(\ell,t) = g(t), \quad u(x,0) = h(x) \tag{q7.7}$$

7.3 1次元の棒 $(0 \leq x \leq \ell)$ の一端 $(x = \ell)$ を $t = 0$ に置いて，急に一定温度 T_0 に上昇させ，他端 $(x = 0)$ を初期温度 $u(x,0) = 0$ に保つとする．

$$u(0,t) = 0, \quad u(\ell,t) = T_0 \quad (t > 0) \tag{q7.8}$$

このときの $u(x,t)$ を求めよ．

8 偏微分方程式の解法 II

8.1 波動方程式 I

1次元の無限大体系 $-\infty < x < \infty$ における波動方程式

$$\frac{\partial^2}{\partial t^2}u = c^2\frac{\partial^2}{\partial x^2}u \tag{8.1}$$

の初期値問題

$$u(x,0) = f(x), \quad u_t(x,0) = g(x) \tag{8.2}$$

を考えよう。左右無限区間での解析であるからフーリエ空間での解析が便利であると考えられる。$u(x,t)$ のフーリエ変換を

$$U(k,t) = \int_{-\infty}^{+\infty} \exp(ikx)u(x,t)dx \tag{8.3}$$

で定義し,式 (8.1) の両辺をフーリエ変換して次式を得る。

$$U_{tt}(k,t) = -k^2c^2 U(k,t) \tag{8.4}$$

これは固有周波数 $\omega = kc$ をもつ調和振動子と同型の常微分方程式である。

前節までにさまざまな解法を提示してきたが,ここでも前章と同様にラプラス変換法で解を求めてみる。$U(k,t)$ のラプラス変換を

$$U[k,s] \equiv \int_0^\infty ds \exp(-st)U(k,t) \tag{8.5}$$

で定義する。式 (8.4) にラプラス変換を施すと

$$s^2 U[k,s] - sU(k,0) - U_t(k,0) = -k^2c^2 U[k,s] \tag{8.6}$$

よって，整理すれば

$$U[k,s] = \frac{s}{s^2 + k^2c^2}U(k,0) + \frac{1}{s^2 + k^2c^2}U_t(k,0) \tag{8.7}$$

が得られる．これをラプラス逆変換し，さらに，フーリエ逆変換すれば解 $u(x,t)$ が得られることになる．

まず，ラプラス逆変換すると

$$U(k,t) = U(k,0)\cos kct + U_t(k,0)\frac{1}{kc}\sin kct \tag{8.8}$$

となる．フーリエ逆変換

$$u(x,t) = \frac{1}{2\pi}\int_{-\infty}^{+\infty}\exp(-ikx)U(k,t)dk \tag{8.9}$$

すると

$$\begin{aligned}u(x,t) = &\frac{1}{2\pi}\int_{-\infty}^{+\infty}\exp(-ikx)\cos kct U(k,0)dk \\ &+ \frac{1}{2\pi}\int_{-\infty}^{+\infty}\exp(-ikx)\frac{1}{kc}\sin kct U_t(k,0)dk\end{aligned} \tag{8.10}$$

ここで，初期条件 (8.2) より

$$U(k,0) = \int_{-\infty}^{+\infty}\exp(iky)f(y)dy \tag{8.11}$$

$$U_t(k,0) = \int_{-\infty}^{+\infty}\exp(iky)g(y)dy \tag{8.12}$$

となっていることに注意する．これらを式 (8.10) に代入すると 2 重積分を実行しなければならないことになる．式 (8.10) の第 1 項目は

$$\frac{1}{2\pi}\int_{-\infty}^{+\infty}dk\exp(-ikx)\cos kct\int_{-\infty}^{+\infty}dy\ \exp(iky)f(y) \tag{8.13}$$

となり，積分の順序を交換し，$\cos kct = (\exp(ikct) + \exp(-ikct))/2$ に注意すると

$$\begin{aligned}\int_{-\infty}^{+\infty}dy f(y)\frac{1}{4\pi}\int_{-\infty}^{+\infty}&dk\ [\exp\{-ik(x-y-ct)\} \\ &+ \exp\{-ik(x-y+ct)\}]\end{aligned} \tag{8.14}$$

のように変形することができる．

δ 関数の定義が

$$\delta(z) = \frac{1}{2\pi} \int_{-\infty}^{+\infty} \exp(-ikz)dk \tag{8.15}$$

であることに注意すると式 (8.14) は

$$\int_{-\infty}^{+\infty} dy f(y) \frac{1}{2}[\delta(x-y-ct) + \delta(x-y+ct)] \tag{8.16}$$

となるから，最終的に第 1 項目はつぎのように簡単になる．

$$\frac{1}{2}[f(x-ct) + f(x+ct)] \tag{8.17}$$

同様にして，式 (8.10) の第 2 項目が $\sin kct = (\exp(ikct) - \exp(-ikct))/2i$ となっていることに注意して同様に変形していくと

$$\frac{1}{2\pi} \int_{-\infty}^{+\infty} dk \exp(-ikx) \frac{1}{kc} \sin kct \int_{-\infty}^{+\infty} dy \, \exp(iky)g(y)$$

$$= \frac{1}{2c} \int_{-\infty}^{+\infty} dy g(y) \frac{1}{2ik\pi}$$

$$\times \int_{-\infty}^{+\infty} dk \, [\exp(-ik(x-y-ct)) - \exp(-ik(x-y+ct))]$$

$$= \frac{1}{2c} \int_{-\infty}^{+\infty} dy g(y) [p(x-y-ct) - p(x-y+ct)] \tag{8.18}$$

となる．ここで，関数 $p(z)$ はつぎのように定義した．

$$p(z) \equiv \frac{1}{2\pi} \int_{-\infty}^{+\infty} dk \frac{1}{ik} \exp(-ikz) \tag{8.19}$$

このような関数は，見かけない関数であるが，これを z で微分してみると δ 関数になることがわかる．

$$\frac{d}{dz}p(z) = -\frac{1}{2\pi} \int_{-\infty}^{+\infty} dk \exp(-ikz) = -\delta(z) \tag{8.20}$$

式 (8.18) を部分積分すると次式が得られる．

$$-\frac{1}{2c} \int_{-\infty}^{\infty} dy \left(\int_0^y dz g(z) \right) [-\delta(x-y-ct) + \delta(x-y+ct)]$$

$$= \frac{1}{2c} \int_0^{x+ct} dz g(z) - \frac{1}{2c} \int_0^{x-ct} dz g(z) = \frac{1}{2c} \int_{x-ct}^{x+ct} dz g(z) \tag{8.21}$$

これらをまとめると，最終的に解はつぎのようになる．

$$u(x,t) = \frac{1}{2}[f(x-ct) + f(x+ct)] + \frac{1}{2c} \int_{x-ct}^{x+ct} dz g(z) \tag{8.22}$$

この式は，右へ進む波と左へ進む波の和からなること，初期波形 $f(x)$ が形を

変えずに伝搬することを意味している。

また，式 (8.16) は初期波形 $f(x)$ の δ 関数による重ね合せを表している。6 章や 7 章でも紹介した影響関数（グリーン関数）は，$g(x) = 0$ の場合

$$G(x|\xi,t) = \frac{1}{2}[\delta(x - \xi - ct) + \delta(x - \xi + ct)] \tag{8.23}$$

となり，これは δ 関数にほかならない。同様に，$f(x) = 0$ のときにはステップ関数となり，式 (8.2) のような一般的な初期条件の場合にはこれらの折衷型となることも理解できよう。

8.2 波動方程式 II

つぎに，長い 1 次元体系 $0 \leq x \leq \infty$ で 1 端 $(x = 0)$ から波が入力されている場合の波動の伝搬問題を考えよう。基礎方程式は同様に

$$\frac{\partial^2}{\partial t^2}u = c^2 \frac{\partial^2}{\partial x^2}u \tag{8.24}$$

であり，初期条件は

$$u(x,0) = u_t(x,0) = 0 \tag{8.25}$$

とし，境界条件は

$$u(0,t) = f(t) \quad (t > 0), \quad u(+\infty, t) = 0 \tag{8.26}$$

とする。このような場合，解はどのようになるか考えよう。時間も，空間も正の領域しか考えないので，時間・空間の両方にラプラス変換を適用して解を探索してみよう。

まず，時間についてラプラス変換すると

$$s^2 U[x,s] - su(x,0) - u_t(x,0) = c^2 \frac{d^2}{dx^2}U[x,s] \tag{8.27}$$

ここで，時間についてのラプラス変換を

$$U[x,s] \equiv \int_0^\infty \exp(-st)u(x,t)dt \tag{8.28}$$

で定義した。初期条件 (8.25) を考慮し，さらに空間についてのラプラス変換を

$$U[p,s] \equiv \int_0^\infty \exp(-px)U[x,s]dx \tag{8.29}$$

で定義すれば

$$c^2\{p^2U[p,s] - pU[0,s] - U_x[0,s]\} = s^2U[p,s] \tag{8.30}$$

が得られる。境界条件 (8.26) を考慮し，未知関数を $U_x[0,s] = g[s]$ (すなわち，$u_x(0,t) = g(t)$) と定義すれば，2 重にラプラス変換した空間での形式解は

$$U[p,s] = \frac{p}{p^2 - \frac{s^2}{c^2}}f[s] + \frac{1}{p^2 - \frac{s^2}{c^2}}g[s] \tag{8.31}$$

となる。空間についてのラプラス逆変換を形式的に実行すれば

$$U[x,s] = f[s]\cosh\frac{xs}{c} + g[s]\frac{c}{2}\sinh\frac{xs}{c} \tag{8.32}$$

$$= \frac{1}{2}f[s]\left(\exp\left(\frac{xs}{c}\right) + \exp\left(\frac{-xs}{c}\right)\right)$$

$$+ \frac{1}{2}g[s]\frac{c}{s}\left(\exp\left(\frac{xs}{c}\right) - \exp\left(\frac{-xs}{c}\right)\right) \tag{8.33}$$

が得られる。$x > 0$ となっていることに注意すれば $x \to \infty$ で発散する項 $\exp(sx/c)$ の係数はゼロになっている必要がある:

$$\frac{1}{2}\left(f[s] + \frac{c}{s}g[s]\right) = 0 \tag{8.34}$$

これから未知関数はつぎのように決められる。

$$g[s] = -\frac{s}{c}f[s] \tag{8.35}$$

式 (8.35) を式 (8.33) に代入して，時間について逆ラプラス変換すれば

$$u(x,t) = \int_0^t \delta\left(t - \tau - \frac{x}{c}\right)f(\tau)\,d\tau \tag{8.36}$$

となる。さらに積分は実行でき，解はつぎのようになる。

$$u(x,t) = f\left(t - \frac{x}{c}\right) \tag{8.37}$$

前節の初期値問題の解と同様，境界値の変動 $f(t)$ がそのまま伝わることがわかる。賢明な諸君には初期条件が $u(x,0) = f_1(x)$，$u_t(x,0) = f_2(x)$ と変更された場合，これらの影響も重ね合わされることが理解できよう。

8.3 波動方程式III

空間1次元の有限体系 $0 < x < \ell$ での波動方程式

$$\frac{\partial^2}{\partial t^2}u = c^2 \frac{\partial^2}{\partial x^2}u \tag{8.38}$$

級数展開による求解を実行してみよう。8.1節の波動方程式と同様に，初期条件

$$u(x,0) = f(x), \quad u_t(x,0) = g(x) \tag{8.39}$$

および境界条件

$$u(0,t) = u(\ell,t) = 0 \tag{8.40}$$

の下で解を求める。このような波動方程式の境界値問題は電磁波の伝搬問題には対応する場合が少なく，弦の振動や弾性棒の振動の問題などによく現れる。

境界条件より，系の固有関数は

$$\phi_n(x) = \sqrt{\frac{2}{\ell}} \sin \frac{n\pi x}{\ell} \tag{8.41}$$

としてよいから，この関数を用いてつぎのように表現できる。

$$u(x,t) = \sum_{n=1}^{\infty} a_n(t)\phi_n(x) \tag{8.42}$$

これを基礎方程式に代入すれば

$$\sum_{n=1}^{\infty} \ddot{a}_n(t)\phi_n(x) = -c^2 \sum_{n=1}^{\infty} \left(\frac{n\pi}{\ell}\right)^2 a_n(t)\phi_n(x) \tag{8.43}$$

ここで，$\phi_m(x)$ を両辺に掛けて積分すれば (7.40) に注意して

$$\ddot{a}_n(t) = -c^2 \left(\frac{n\pi}{\ell}\right)^2 a_n(t) \tag{8.44}$$

が得られる。これは調和振動子と同じだから，5章での結果 (5.18) がそのまま使えて，$x(t) \to a_n(t)$，$\omega_0 \to cn\pi/\ell$ と置き換えればよい。すなわち解は

$$a_n(t) = a_n(0)\cos\frac{cn\pi t}{\ell} + \dot{a}_n(0)\frac{1}{\frac{cn\pi}{\ell}}\sin\frac{cn\pi t}{\ell} \tag{8.45}$$

と表現される。初期条件より

$$a_n(0) = \int_0^\ell f(x)\phi_n(x)\, dx \tag{8.46}$$

同様にして

$$\dot{a}_n(0) = \int_0^\ell g(x)\phi_n(x)\, dx \tag{8.47}$$

これらをフーリエ級数解に代入して整理すれば，解 $u(x,t)$ は最終的に

$$u(x,t) = \frac{2}{\ell}\int_0^\ell G_c(x|\xi,t)f(\xi)d\xi + \frac{2}{\ell}\int_0^\ell G_s(x|\xi,t)f(\xi)d\xi \tag{8.48}$$

ここで

$$G_c(x|\xi,t) = \sum_{n=1}^\infty \cos\frac{cn\pi t}{\ell}\sin\frac{n\pi x}{\ell}\sin\frac{n\pi \xi}{\ell} \tag{8.49}$$

$$G_s(x|\xi,t) = \sum_{n=1}^\infty \frac{1}{\frac{cn\pi}{\ell}}\sin\frac{cn\pi t}{\ell}\sin\frac{n\pi x}{\ell}\sin\frac{n\pi \xi}{\ell} \tag{8.50}$$

である．右辺第1項目は初期波形分布の影響，第2項目が初期速度分布の影響である．

拡散方程式の場合の境界値問題 (7.3 節) と比較するために $g(x) = 0$ の場合を考えると，関数 $\exp(-D(n\pi/\ell)^2 t)$ が $\cos(cn\pi t/\ell)$ に置き換わっただけである．

8.4 まとめと応用例

本章では，1次元の波動方程式をさまざまな境界条件，初期条件の下で解くことを考えてきた．誘電率および透磁率が時間・空間的に一様である場合，マクスウェルの方程式とオームの法則を用いると3次元の波動方程式

$$\frac{\partial^2}{\partial t^2}\vec{E} + \alpha\frac{\partial}{\partial t}\vec{E} - c^2\nabla^2\vec{E} = 0 \tag{8.51}$$

を導出できる．現実の体系では，このように時間変化に比例したエネルギーの損失，すなわち散逸が伴うことが多い．コンダクタンスが無視できる1次元の伝送線の方程式は

$$L\frac{\partial I}{\partial t} + RI = -\frac{\partial V}{\partial x} \tag{8.52}$$

> **コーヒーブレイク**

1次元, 2次元, 3次元の波動

空間1次元 $-\infty < x < \infty$ の場合, 初期条件として原点付近でパルスを与える, $u(x,0) = 0$, $u_t(x,0) = g(x) = \exp(-x^2/2\sigma^2)/\sqrt{2\pi\sigma^2}$ $(0 < \sigma \ll 1)$ と波動方程式の解は

$$u(x,t) = \frac{1}{2c} \int_{x-ct}^{x+ct} g(z) \, dz \tag{25}$$

で与えられることを学んだ(**図6**)。$\sigma \to 0$ の極限では

$$u(x,t) = \begin{cases} \dfrac{1}{2c} & (|x| \leqq ct) \\ 0 & (|x| > ct) \end{cases} \tag{26}$$

となる(**図7**)。空間3次元の原点から発生している波は, どのようになっているのだろうか?

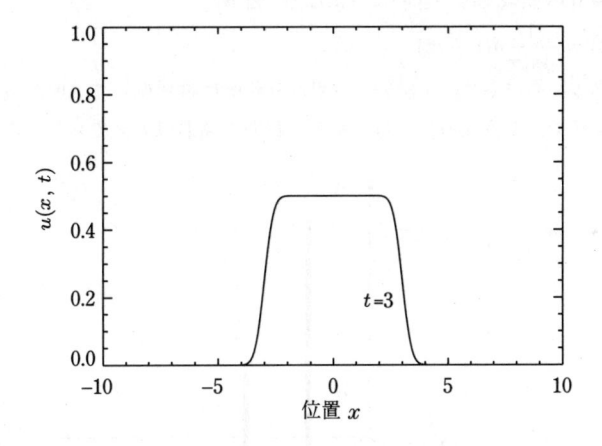

図6 1次元の波動方程式の解 (25) の波形 $(u(x,t) = (\mathrm{erf}((-x+ct)/\sqrt{2}\sigma) + \mathrm{erf}((x+ct)/\sqrt{2}\sigma))/(4c)$; ただし, $c = 1$, $\sigma = 0.1$ として描画した。$\sigma \to 0$ の極限で矩形波となる)

3次元等方媒質では, 波動方程式は

$$\frac{\partial^2}{\partial t^2} u(r,t) = \frac{c^2}{r} \frac{\partial^2}{\partial r^2}(ru(r,t)) \tag{27}$$

となるから, 初期条件として原点付近でパルスを与える, $u(\vec{r},0) = 0$, $u_t(\vec{r},0) =$

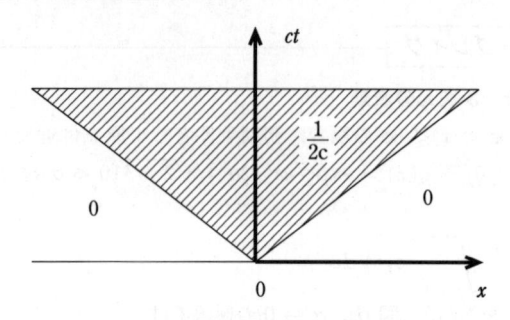

図 7 $\sigma \to 0$ の極限での時間的な広がりの様子
(斜線の部分の波高が $1/2c$ となる)

$g(\vec{r}) = \exp(-x^2/2\sigma^2)\exp(-y^2/2\sigma^2)\exp(-z^2/2\sigma^2)/(\sqrt{2\pi\sigma^2})^3 (0 < \sigma \ll 1)$ の場合の解は, $\sigma \to 0$ の極限ではつぎのようになる (**図 8**)。

$$u(r,t) = \frac{1}{4\pi cr}\delta(r-ct) \tag{28}$$

これは球面パルス波であり, 1次元とは異なり距離に逆比例して強度が減少する。では, 空間2次元ではどうなっているのか？ 賢明な諸君は考えてもらいたい。

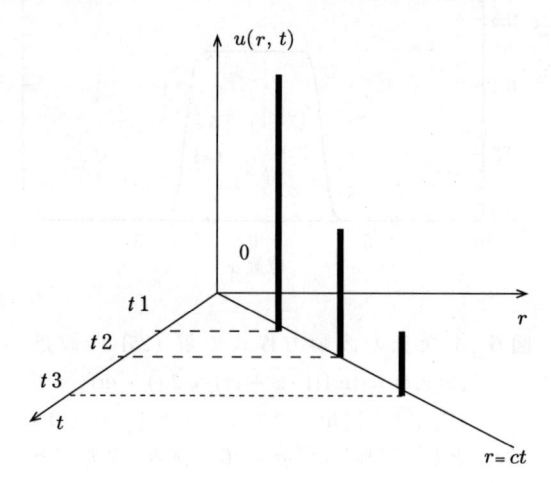

図 8 $\sigma \to 0$ の極限での3次元的なパルスの伝搬の様子 (1次元の場合とは異なり, パルス強度は距離に逆比例して弱まることに注意)

$$C\frac{\partial V}{\partial t} = -\frac{\partial I}{\partial x} \tag{8.53}$$

I を消去すると,次式を得る.

$$LC\frac{\partial^2 V}{\partial t^2} + RC\frac{\partial V}{\partial x} = \frac{\partial^2 V}{\partial x^2} \tag{8.54}$$

記号を変えると

$$\frac{\partial^2}{\partial t^2}u + \alpha\frac{\partial}{\partial t}u = c^2\frac{\partial^2 u}{\partial x^2} \tag{8.55}$$

このような型の方程式は電信方程式と呼ばれている.

空間 1 次元無限大体系 $-\infty < x < \infty$ での波の発生源 $S(x,t)$ が存在する場合の方程式

$$\frac{\partial^2}{\partial t^2}u + \alpha\frac{\partial}{\partial t}u = c^2\frac{\partial^2 u}{\partial x^2} + S(x,t) \tag{8.56}$$

の初期条件 $u(x,0) = f(x),\ u_t(x,0) = 0$ の下での解は,最終的にグリーン関数 $G(x|\xi,t)$ を用いて

$$u(x,t) = \int_{-\infty}^{\infty} d\xi G(x|\xi,t)f(\xi) + \int_0^t d\tau \int_{-\infty}^{\infty} d\xi G(x|\xi,t-\tau)S(\xi,\tau) \tag{8.57}$$

と表現されることがわかるが,これは学生諸君の練習問題としよう.

演 習 問 題

8.1 1 次元の弦の振動方程式を考えよう.

$$u_{tt} = c^2 u_{xx} \tag{q8.1}$$

ここで,c は弦を伝わる変形波の速度であり,弦の張力 T と単位長さ当りの質量 σ で $c = \sqrt{T/\sigma}$ と書ける.また,境界条件と初期条件は

$$u(0,t) = u(\ell,t) = 0 \quad (両端固定),$$
$$u(x,0) = f(x),\quad u_t(x,0) = g(x) \tag{q8.2}$$

であるとしよう.このときの解 $u(x,t)$ を求めよ.

8.2 1 次元 $0 \leq x \leq \ell$ の波動方程式

$$u_{tt} = c^2 u_{xx} \tag{q8.3}$$

で一端 $x=0$ を $u(0,t) = f(t)$ で変化させ，$u_x(0,t) = 0$ とする境界条件とし，初期条件を $u(x,0) = u_t(x,0) = 0$ とするときの解を求めよ．

8.3 一端 $x=0$ が固定された1次元の弾性棒 $0 \leq x \leq \ell$ を考えよう．他端 $x = \ell$ に急に一定の軸方向の力 F_0 が働くとする．このとき，弾性棒の軸方向の変位は微分方程式

$$u_{tt} = c^2 u_{xx} \tag{q8.4}$$

で記述され，初期条件，境界条件はつぎのように表現されるとする．

$$u(x,0) = u_t(x,t) = 0, \quad u(0,t) = u_x(\ell,t) = \frac{f(t)}{E} \tag{q8.5}$$

ここで，$c = \sqrt{E/\sigma}$ を縦波の速度，E をヤング率，σ を棒の密度とする．

9

数値解法の基礎

9.1 基本的な差分化法

1章および2章では連続変数の微分方程式をまず，基本的な差分化法（**単純差分法**（あるいは，オイラー (Euler) 法））で離散化し，漸化式に変換して代数的に（加減乗除の四則演算）のみを用いて解を求めた．その解の連続極限をとることによって，連続変数の微分方程式の解を求めた．定数係数の微分方程式の場合には，多変数の場合でもベクトルと行列を導入することによって1変数の場合と同様な議論が展開でき，解を代数的に求めることができることを学んだ．減衰項を有する調和振動子や，外力項が正弦関数や余弦関数の場合には同様な計算ができることも理解できた．

ロジスティック方程式のような非線形の方程式の場合も，適切な変数変換を用い，かつ適切な差分化法を採用すれば，差分化の結果，解析解が求められる場合があることも理解できた．差分化の極意や差分方程式の解の求め方などは広田氏の本 (参考文献 14)) に詳しいので，興味のある学生は参照されたい．

常微分方程式や偏微分方程式の差分化は，歴史的には，解析解が得られない非線形方程式を計算機を用いて数値的に近似解を求める手段として発展してきた．

オイラー法は微分方程式

$$\frac{dy}{dt} = f(t,y) \qquad (9.1)$$

を h を刻み幅として差分公式

$$y(m+1) = y(m) + hf(t(m), y(m)) \tag{9.2}$$

で計算する方法である。$y(m+1)$ を 1 ステップ前の値 $y(m)$ で計算するので，**陽的な公式**と呼ばれている。一方

$$y(m+1) = y(m) + hf(t(m+1), y(m+1)) \tag{9.3}$$

のように計算する方法は**後退オイラー法**（あるいは，陰的な公式）と呼ばれている。差分化の方法としてはこのほかにも，**改良オイラー法**（あるいは，陽的中点公式）と呼ばれるつぎのような方法もある。

$$y(m+1) = y(m-1) + 2hf(t(m), y(m)) \tag{9.4}$$

一般論としてはこの改良オイラー法を採用したときの誤差が h^2 のオーダーとなる（巻末付録 D 参照）と見積もられるが，使い方を誤ると数値的に不安定な解が出現することがあるので注意が必要である。一例として，関数 $f(t, y) = -y$ という簡単な場合を考えよう。オイラー法では

$$y(m) = (1-h)^m y(0) \tag{9.5}$$

が解だから，$h \to 0$ の極限で $y(t) \to \exp(-t)y(0)$ に収束する。また，後退オイラー法では

$$y(m) = (1+h)^{-m} y(0) \tag{9.6}$$

であるから，十分小さな h に対して $(1+h)^{-1} \approx (1-h)$ であるから，解は上記の差分法による解と同様に正解に収束する。しかし，改良オイラー法では，漸化式が

$$y(m+1) + 2hy(m) - y(m-1) = 0 \tag{9.7}$$

となって，特性方程式は

$$r^2 + 2hr - 1 = 0 \tag{9.8}$$

となって

$$r_1 = -h + \sqrt{h^2+1}, \quad r_2 = -h - \sqrt{h^2+1} \tag{9.9}$$

となり，$0 < r_1 < 1$ および $r_2 < -1$ がその根となる．解は c_1, c_2 を定数として

$$y(m) = c_1 r_1^m + c_2 r_2^m \tag{9.10}$$

と表現されるが，明らかに r_2 の存在により，どのような小さな値の c_2 から出発しても振動しながら発散することがわかる．

9.2 高度な差分化法が必要な理由

オイラー法による差分化の後，漸化式により解が解析的に求まり，連続極限が解析的にも求められる場合には，あえて差分化する必要はない．ルンゲ・クッタ法やさらに高度な差分化法が必要となるのは，解を解析的に求められない問題を正確に解く必要に迫られる物理的・工学的な背景があるからである．例えば，ロケットを飛ばして，遠い宇宙の彼方の惑星へ無事計測機器を運び，設置・観測する計画を立てたとしよう．精度の悪い数値計算に基づいて飛行軌道を評価すると，誤差が集積して真の軌道からずれ，目的の惑星や着陸地点にロケットを正確に到着させることはできない．どのようにすれば精度の高い計算が可能になるのかを理解するためには，どのような差分化をすると「数値的な不安定が起こりやすいのか？」や，与えられた差分法では「どの程度精度が期待されるのか？」を理解しておく必要がある．

ここで，1章の演習問題 1.2 で宿題となっていた調和振動子の差分解の不安定性解消について述べておこう．問題となっていたのは簡単な調和振動子

$$\ddot{x} + \omega_0^2 x = 0 \tag{9.11}$$

である．ベクトル (x, v) の1階微分方程式の単純なオイラー法による差分化は

$$x(m+1) = x(m) + hv(m) \tag{9.12}$$

$$v(m+1) = v(m) - \omega_0^2 h x(m) \tag{9.13}$$

したがって，係数行列

$$\begin{pmatrix} 1 & h \\ -\omega_0^2 h & 1 \end{pmatrix} \tag{9.14}$$

の特性方程式は

$$r^2 - 2r + (1 + \omega_0^2 h^2) = 0 \tag{9.15}$$

となるから，固有値を計算してみると

$$r_\pm = 1 \pm i\omega_0 h \qquad (\text{複合同順}) \tag{9.16}$$

となり，これらの絶対値はつねに1より大きい。

$$|r_\pm| = \sqrt{1 + \omega_0^2 h^2} > 1 \tag{9.17}$$

したがって，このシステムではオイラー差分ではどんなに刻み幅 h を小さくしても，つねに数値的には不安定となる (振動しながら振幅は増大する図 **9.1**(a) 参照) ことがわかる。

これを回避するための差分化の方法は (i) 後退オイラー法，(ii) 改良オイラー法などいろいろ考えられる（これらは読者の演習とする－演習問題 9.1）が，

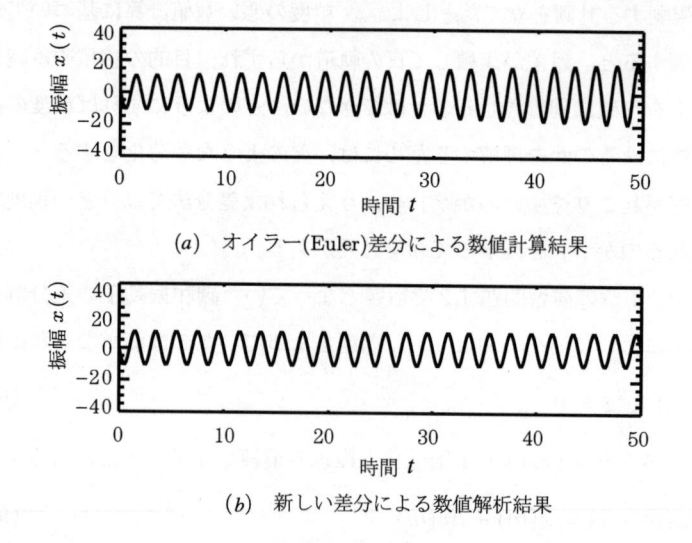

(a) オイラー(Euler)差分による数値計算結果

(b) 新しい差分による数値解析結果

図 **9.1** 差分化の方法

9.2 高度な差分化法が必要な理由

ここでは天下り的ではあるが新しい差分法

$$x(m+1) - 2x(m) + x(m-1) = -H^2\omega_0^2 x(m) \tag{9.18}$$

ただし

$$H = \frac{2}{\omega_0}\sin\frac{h\omega_0}{2} \tag{9.19}$$

を採用してみよう．$H = h$ ならオイラー法に一致するが，式 (9.19) に示すように刻み幅 h の非線形関数となっている．式 (9.18) および式 (9.19) に対応する固有値を決める特性方程式は

$$r^2 - (2 - \omega_0^2 H^2)r + 1 = 0 \tag{9.20}$$

となり，周知の r についての 2 次方程式の根を計算するとつぎのようになる．

$$r = \cos\omega_0 h \pm i\sin\omega_0 h \tag{9.21}$$

この絶対値はつねに 1 ($|r| = 1$) だから，不安定にはならず，良好な差分化となっていることが予想される．実際，このときの解は

$$x(m) = A\cos\omega_0 mh + B\sin\omega_0 mh \tag{9.22}$$

となって，h をどんなに大きくとっても，正しい解曲線

$$x(t) = A\cos\omega_0 t + B\sin\omega_0 t \tag{9.23}$$

の上につねに乗っている．つねにこんな差分化が見つかれば嬉しいが，このようなうまい話は沢山はない[†]．図 9.1(b) にこの差分化による数値計算結果を示す．

このように，線形の簡単な微分方程式でも，下手に差分化すると正しい答えが出てこないばかりか，本来の微分方程式の特性ではない振幅の増大・発散が生ずる場合があるので注意が必要である．

[†] 線形の定数係数微分方程式と，定数係数非線形微分方程式で変数変換によって線形の定数係数微分方程式に帰着できる場合に限られる (巻末付録 G 参照)．

9.3 生存競争の方程式の差分化

2章では生物の個体増殖の1変数モデルとして，ロジスティック (Logistic) 方程式を取り上げて解析した．実際の生物はつねに他種の生物と相互作用をもち，増減している．このような実例は数多い．

ここでは，このようなモデルの元祖として有名なロトカ・ボルテラ (Lotka-Volterra) 方程式を取り上げよう．

$$\frac{d}{dt}x = ax - pxy \tag{9.24}$$

$$\frac{d}{dt}y = -by + qxy \tag{9.25}$$

ここで，a, b, p, q は正の定数である．この方程式はアドリア海で捕食者（サメ）と餌（小魚）という二つの個体群についての微分方程式である．この方程式の平衡点は

$$0 = ax - pxy \tag{9.26}$$

$$0 = -by + qxy \tag{9.27}$$

から，ただちに

$$(x, y) = (0, 0), \left(\frac{b}{q}, \frac{a}{p}\right) \tag{9.28}$$

の2個であることがわかる．また，2次元平面内での解曲線は

$$\frac{dy}{dx} = \frac{(-b + qx)y}{(a - py)x} \tag{9.29}$$

を満たすことがわかる．すなわち，これを解けば

$$a \log y + b \log x - py - qx = C \tag{9.30}$$

が得られる．正確に解くためには，この軌道の上を動くような差分を考える必要がある．変数変換を

$$x = \exp(u), \quad y = \exp(v) \tag{9.31}$$

としてみると，次式が得られる．

$$\ddot{u} + (b - q\exp(u))\dot{u} + a(q\exp(u) - b) = 0 \tag{9.32}$$

これは，指数形ポテンシャルをもち，負の散逸を有するファンデルポール (Van der Pol) 方程式と類似の常微分方程式である．これを (I) オイラー法，(II) 4 次のルンゲ・クッタ (Runge-Kutta) 法，などで差分化して解を求めることを考えてみよう．4 次のルンゲ・クッタ法では刻み幅を h としてつぎの時間ステップでの計算精度が前の時間ステップでの値に対し h^4 のオーダーの精度で求まるように係数を決めている．ルンゲ・クッタ型の差分化公式の作成法は巻末付録 D に詳しく述べてあるので，興味のある学生諸氏は参考にされたい．4 次のルンゲ・クッタ法で式 (9.24)〜(9.25)，または式 (9.32) を解けば近似解は比較的よく求まる．図 **9.2** にその結果を示す．

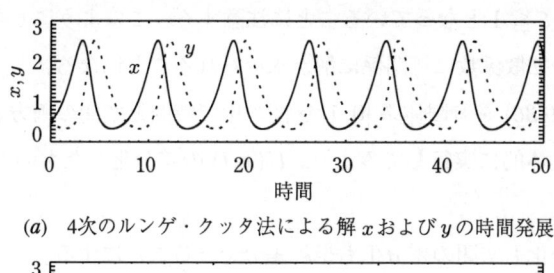

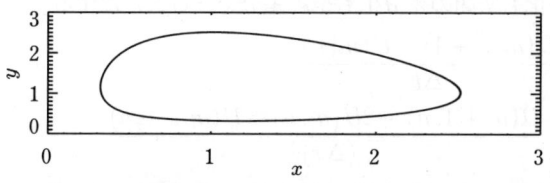

(a) 4次のルンゲ・クッタ法による解 x および y の時間発展

(b) 2次元相空間での (x, y) での解の軌跡

図 **9.2** ファンデルポール型方程式 (9.32) の差分法による計算結果

9.4 偏微分方程式の差分化 I

まず，拡散方程式

$$u_t = Du_{xx} \tag{9.33}$$

9. 数値解法の基礎

の差分化から考えてみよう。1次元の無限大体系 $-\infty < x < \infty$ での拡散方程式の解析解は7章で学んだが，より広範なクラスの非線形偏微分方程式などの応用などを考えるための基礎をこの方程式の差分化を通じて学ぶことにしよう。この方程式は拡散係数 D を含んでいるが，時間をスケールして $t \to tD$ とするか，空間をスケールして $x \to x/\sqrt{D}$ と置けば

$$u_t = u_{xx} \tag{9.34}$$

の形に変形できる。有限体系 $0 \leq x \leq \ell$ での拡散現象の場合も同様であり

$$\tau = \frac{tD}{\ell^2}, \quad \xi = \frac{x}{\ell}, \quad U = \frac{u}{u_0} \tag{9.35}$$

などと置き，無次元化する。

$$U_\tau = U_{\xi\xi} \tag{9.36}$$

ただし，$0 \leq \xi \leq 1$ となっていることに注意する。このようにしてから計算すれば，長さや拡散係数に無関係に解が求められることになる。

さて，式 (9.36) を有限体系 $[0,1]$ 区間の中で時間と空間の両方を差分化して解くことを具体的に実行してみよう。$U(x,t)$ の差分化したものを $U(m,n)$ と記す。

時間の差分化も空間の差分化も単純差分をとることにする。

$$U_t = \frac{U(m, n+1) - U(m, n)}{\Delta t} \tag{9.37}$$

$$U_{xx} = \frac{U(m+1, n) - 2U(m, n) + U(m-1, n)}{(\Delta x)^2} \tag{9.38}$$

すなわち，式 (9.37), (9.38) を式 (9.36) に代入して整理すれば次式が得られる。

$$U(m, n+1) = U(m, n) + \frac{\Delta t}{(\Delta x)^2}[U(m+1, n) - 2U(m, n) + U(m-1, n)] \tag{9.39}$$

ここで

$$a = \frac{\Delta t}{(\Delta x)^2} \tag{9.40}$$

$N = 1/(\Delta x)$ が決まると,初期値 $U(x,0) = U(m,0)$ を与えて計算を逐次実行することができる。これは,j を時間を表すインデックスとしてベクトル $\vec{V}(j) = (U_1(t), U_2(t), ..., U_N(t))^T$ に対するつぎのような方程式を解くのと同じである。

$$\vec{V}(j+1) = \mathcal{L}\vec{V}(j) \tag{9.41}$$

ここで,$\mathcal{L}$ はつぎのような 3 重対角行列 (3.4 節の連成振動の場合と同様) である。

$$\mathcal{L} = \begin{pmatrix} 1-2a & a & 0 & . & . & 0 \\ a & 1-2a & a & 0 & . & 0 \\ 0 & a & 1-2a & a & . & 0 \\ . & . & . & . & . & . \\ . & . & . & . & . & . \\ 0 & 0 & . & a & 1-2a & a \\ 0 & 0 & . & . & a & 1-2a \end{pmatrix} \tag{9.42}$$

したがって,形式解はつぎのように求められる。

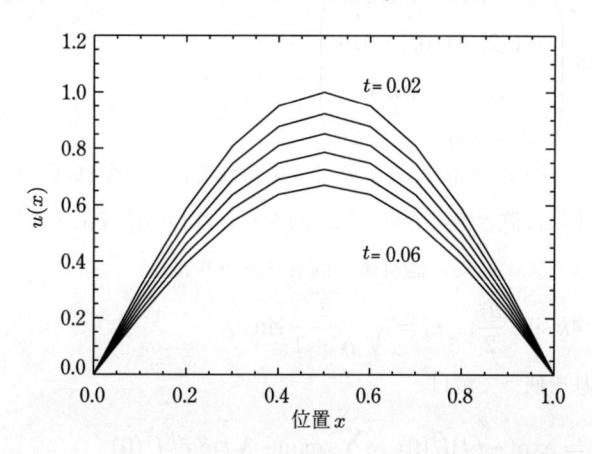

図 9.3 拡散方程式 (9.34) の離散解 (9.43) に基づいた数値解の時間変動の様子 (ただし,$\Delta x = 0.1$, $\Delta t = 0.004$ とし,$t = 0.02$ から 0.008 ごとに $t = 0.06$ までを示す)

$$\vec{V}(j) = \mathcal{L}^j \vec{V}(0) \tag{9.43}$$

この行列の積を利用した計算結果の例を図 **9.3** に示す。

9.5 偏微分方程式の差分化 II

空間 1 次元 ($0 \leq x \leq 1$) での拡散方程式 (9.33) について，こんどはちょっと視点を変えて空間だけ差分化してみよう．$u(x,t) = u_j(t)$ で空間の離散点を表すことにすれば

$$\frac{d}{dt}u_j(t) = \frac{D}{(\Delta x)^2}(u_{j+1}(t) - 2u_j(t) + u_{j-1}(t)) \tag{9.44}$$

となる．ベクトル $\vec{U}(t) = (u_1(t), u_2(t), ..., u_N(t))^T$ を定義すれば，拡散方程式は 1 階の N 変数常微分方程式となる．

$$\frac{d}{dt}\vec{U}(t) = -L\vec{U}(t) \tag{9.45}$$

ここで，$k \equiv D/(\Delta x)^2$

$$L = k \begin{pmatrix} 2, -1, 0, 0, ..., 0, 0 \\ -1, 2, -1, 0, ..., 0, 0 \\ ., ., ., ., ..., 0, 0 \\ 0, 0, 0, 0, ..., -1, 2 \end{pmatrix} \tag{9.46}$$

境界条件が $u(0,t) = u(1,0) = 0$ で与えられているとすれば，左辺の時間微分が 2 階を 1 階に置き換える以外は，おもりとばねの連成系と同様の行列が現れることになる．よって，固有値と固有ベクトルは

$$\lambda_i = 4k \sin^2 \frac{a_i}{2}, \quad e_i^j = \sqrt{\frac{2}{N+1}} \sin a_i \tag{9.47}$$

となり，これを使って解は

$$\vec{U}(t) = \exp(-Lt)\vec{U}(0) = \sum_{i=1}^{N} \exp(-\lambda_i t) \vec{e}_i \vec{e}_i^T \vec{U}(0) \tag{9.48}$$

と表現することができる．

9.6 まとめと応用例

本章では差分化の基礎を学び,差分化方程式の係数行列の解析と離散化に伴う「数値不安定性」の存在を認識した.差分化を工夫することで,計算の効率化と,問題解決に必要な計算精度を確保する知識が得られる.また,ルンゲ・

─── コーヒーブレイク ───

チューリングパターン

通常,拡散があると空間に局在していた物質がしだいに空間的に広がっていき,空間的に一様な状態に落ち着くイメージがある.チューリング (Turing) は 1952 年ごろ,拡散が存在することによって,空間的に均一な系が不安定となり,不均一な系が実現されるようなモデルを発表した.いまから 20 年前 (1980 年ごろ) には,このようなモデルは面白いが実在の系で対応するものが存在するという具体例は確認されていなかった.

最近,多くの生物系でこのようなメカニズムで不均一が発生する証拠が続々と見つかっている.① 溶液化学反応パターン,② 表面触媒反応,③ 生物の縞模様(シマウマ,豹,熱帯魚,貝など多数),④ ヌードマウスの体毛の移動パターンや性転換中の魚の体表模様など多数ある.図 9 には貝の殻模様の例を示した.

図 9 貝の模様(左)と反応拡散モデルから得られる時間空間パターン(右)

クッタ型の高精度差分化の必要性，ならびに変数変換による数値計算精度の向上などを，ロトカ・ボルテラ方程式を用いて学んだ．さらに偏微分方程式の差分化解法の基本的な方法も学んだ．

これらの基礎知識は非線形の常微分方程式，非線形の偏微分方程式の数値解法に役立つばかりでなく，確率微分方程式や確率偏微分方程式の数値解析の基礎として重要である．

演習問題

9.1 線形常微分方程式 $\dot{y} = -y$ に，(i) オイラー法，(ii) 後退オイラー法，(iii) 改良オイラー法（中心差分），による解の発散の有無を確認せよ．

9.2 調和振動子 $\ddot{x} + \omega_0^2 x = 0$ に，(i) オイラー法，(ii) 後退オイラー法，(iii) 改良オイラー法（中心差分），などの差分法を適用して解の発散の有無を確認せよ．また，新しい差分 (9.18) を数値計算して確かめよ．さらに，解が (9.22) であることを証明せよ．

9.3 ロトカ・ボルテラ方程式 (9.24)〜(9.25) を $a = b = p = q = 1$ の場合について，初期値 $(x, y) = (0.5, 0.5)$ のとき図示せよ．(i) オイラー法，(ii) 後退オイラー法，(iii) 4次のルンゲ・クッタ法，で計算し，各方法での計算精度を比較せよ．精度を比較するために，1周して戻ってきたときの値がどのようにずれるかを調べよ．

9.4 拡散方程式 (9.36) を差分化して解き図示せよ．だだし，初期条件は $U(\xi, 0) = \exp(-4\xi^2)$ とする．

10 リカッチ方程式の解法

10.1 リカッチ方程式

　本書では主として初等的な線形の微分方程式の解法を差分化法，フーリエ変換法，ラプラス変換法などを用いて学習してきた．定数係数の線形微分方程式の場合には多くの場合，解が厳密に求まり，初等関数で表現できた．非線形の微分方程式の場合には，一般に解が解析的に求められない場合のほうが多いことが知られている．しかし，1章や2章で紹介したロジスティック方程式（式 (1.13) および式 (2.10)）や 1 変数の変数係数の微分方程式（式 (4.1)）の場合には，解が厳密に求められた．これはどうしてだろうか．

　ベルヌーイの微分方程式や**リカッチの微分方程式**に分類される非線形微分方程式の場合には，解が解析的に求められることが知られている．実際，ロジスティック方程式はリカッチ型，1 変数の変数係数の微分方程式はベルヌーイ型の微分方程式の特殊な例である．

　ベルヌーイの非線形微分方程式は

$$y' + f(x)y = g(x)y^n \tag{10.1}$$

($n \neq 0, 1$) の形の方程式を指す．また，リカッチの微分方程式は

$$y' = a(x) + 2b(x)y + c(x)y^2 \tag{10.2}$$

の形の方程式を指す．これらの非線形微分方程式の解が解析的に求められる理

由は，変数変換によって線形の微分方程式に帰着することができるからである。

実際，式 (*10.1*) の場合には

$$z = y^{1-n} \tag{10.3}$$

のように変数変換すれば

$$z' + (1-n)f(x)z = (1-n)g(x) \tag{10.4}$$

となり，線形の微分方程式に変換される。また，式 (*10.2*) の場合には特解 $\varphi(x)$ が見つかった場合

$$y = u + \varphi(x) \tag{10.5}$$

と置けば，u に関する微分方程式は $n=2$ のベルヌーイの微分方程式

$$u' = [2b(x) + 2c(x)\varphi(x)]u + c(x)u^2 \tag{10.6}$$

に帰着するから，変数変換により，線形の微分方程式に変形でき，解が求められることになる。

【例 10.1】

物理学における簡単な例題として，質量 m の小さな球状物体の落下問題を考えよう。物体は初速度 $v(0) = 0$ とし，重力の影響下で落下する。空気による粘性抵抗は速度 v に比例することはよく知られている。もし，粘性抵抗が速度の 2 乗 v^2 に比例すると仮定した場合，運動の様子および終速度はどのような値になるか。

運動方程式は

$$m\dot{v} = mg - \eta v^2 \tag{10.7}$$

と表現される。この方程式もリカッチの微分方程式に分類される。この方程式はつぎのような特解を持つ。

$$v_p = \sqrt{\frac{mg}{\eta}} \tag{10.8}$$

そこで，解を

$$v = u + v_p \tag{10.9}$$

と置き式 (10.7) に代入すれば，

$$\dot{u} = -2\left(\frac{\eta g}{m}\right)^{1/2} u - \frac{\eta}{m} u^2 \tag{10.10}$$

ここで，$u = 1/z$ と変数変換すれば，z に関する線形の微分方程式が得られる．

$$\dot{z} = 2\left(\frac{\eta g}{m}\right)^{1/2} z + \frac{\eta}{m} \tag{10.11}$$

10.2 リカッチの微分方程式の従属変数変換

リカッチの微分方程式 (10.2) において，つぎのように従属変数変換を行う．

$$y(t) = \frac{g(t)}{f(t)} \tag{10.12}$$

式 (10.12) を式 (10.2) に代入して整理すると

$$\left(\frac{d}{dt}g\right)f - g\left(\frac{d}{dt}f\right) = a(t)f^2 + 2b(t)fg + c(t)g^2 \tag{10.13}$$

が得られる．この方程式は任意の関数 $h(t)$ を用いたゲージ変換と呼ばれる変数の置換え

$$f(t) \to f(t)h(t), \quad g(t) \to g(t)h(t) \tag{10.14}$$

によって不変である．したがって，つぎのように変形可能となる．

$$\left[\frac{dg}{dt} - a(t)f - \left(b(t) + \alpha(t)\right)g\right]f \\ -\left\{\frac{df}{dt} + \left(b(t) - \alpha(t)\right)f + c(t)g\right\}g = 0 \tag{10.15}$$

ここで，$\alpha(t)$ は任意定数である．

ここで，$\beta(t)$ を別の任意定数として式 (10.15) の $[...]f$ を $\beta(t)f$，$\{...\}g$ を $\beta(t)g$ と置けば，二つの方程式に分離することができる．これらを整理して書くと

$$\frac{d}{dt}f + b(t)f + c(t)g = [\alpha(t) + \beta(t)]f \tag{10.16}$$

$$\frac{d}{dt}g - a(t)f - b(t)g = [\alpha(t) + \beta(t)]g \tag{10.17}$$

となる．前出のゲージ不変性を思い出し，$f \to fh$, $g \to gh$ と置いてみると

$$h\frac{df}{dt} + f\frac{dh}{dt} + b(t)fh + c(t)gh = [\alpha + \beta]hf \tag{10.18}$$

$$h\frac{dg}{dt} + g\frac{dh}{dt} - a(t)fh - b(t)gh = [\alpha + \beta]hg \tag{10.19}$$

ここでもし

$$h(t) = \exp\left(\int_0^t d\tau \Big(\alpha(\tau) + \beta(\tau)\Big)\right) \tag{10.20}$$

と置けば，上記の方程式はつぎのように簡単な方程式になる．

$$\frac{df}{dt} + b(t)f + c(t)g = 0 \tag{10.21}$$

$$\frac{dg}{dt} - a(t)f - b(t)g = 0 \tag{10.22}$$

このことは，初めから $\alpha = \beta = 0$ と置いてもよかったことを意味する．この式をベクトル，行列を使って表現するとつぎのようになる．

$$\frac{d}{dt}\begin{pmatrix} f \\ g \end{pmatrix} + \boldsymbol{M}(t)\begin{pmatrix} f \\ g \end{pmatrix} = 0 \tag{10.23}$$

ここで

$$\boldsymbol{M}(t) = \begin{pmatrix} b(t) & c(t) \\ -a(t) & -b(t) \end{pmatrix} \tag{10.24}$$

これは，2変数の変数係数の線形微分方程式であるから，解は一般に次式で与えられる．

$$\begin{pmatrix} f(t) \\ g(t) \end{pmatrix} = \exp\left(-\int_0^t d\tau\, \boldsymbol{M}(\tau)\right)\begin{pmatrix} f(0) \\ g(0) \end{pmatrix} \tag{10.25}$$

特に，$a(t), b(t), c(t)$ が定数 a_0, b_0, c_0 のときには

$$\begin{pmatrix} f(t) \\ g(t) \end{pmatrix} = \exp\left(-\boldsymbol{M}_0 t\right)\begin{pmatrix} f(0) \\ g(0) \end{pmatrix} \tag{10.26}$$

ここで

$$\boldsymbol{M}_0 = \begin{pmatrix} b_0 & c_0 \\ -a_0 & -b_0 \end{pmatrix} \tag{10.27}$$

10.3 行列リカッチ方程式とその解

1変数のリカッチの微分方程式およびその解は，古くからよく知られているが，近年，行列リカッチ方程式が近代制御理論の枠組みの中で広く用いられるようになってきている．本章は行列リカッチ方程式の解法について紹介し，広範な応用分野があることを示すのが目的である．

行列リカッチ方程式は式 (10.2) のような 1 変数 $y(t)$ の微分方程式を行列 $Y(t)$ に対する微分方程式に拡張したものであり，つぎのように表現できる．

$$\frac{d}{dt}Y(t) = A(t) + B(t)Y(t) + Y(t)B^T(t) + Y(t)C(t)Y(t) \qquad (10.28)$$

ここで，従属変数変換を1変数の場合と同様に実行してみよう．

$$Y(t) = G(t)F^{-1}(t) \qquad (10.29)$$

この両辺を微分すると

$$\frac{d}{dt}Y(t) = \left[\frac{d}{dt}G(t)\right]F^{-1}(t) + G(t)\left[\frac{d}{dt}F^{-1}(t)\right] \qquad (10.30)$$

ここで，付録 A に記した逆行列の微分

$$\frac{d}{dt}F^{-1}(t) = -F^{-1}(t)\left[\frac{d}{dt}F(t)\right]F^{-1}(t) \qquad (10.31)$$

に注意すれば次式を得る．

$$\frac{d}{dt}Y(t) = \left[\frac{d}{dt}G(t)\right]F^{-1}(t) - G(t)F^{-1}(t)\left[\frac{d}{dt}F(t)\right]F^{-1}(t) \qquad (10.32)$$

ここで，1変数のときの類推から

$$\frac{d}{dt}F(t) = -B^T(t)F(t) - C(t)G(t) \qquad (10.33)$$

$$\frac{d}{dt}G(t) = A(t)F(t) + B(t)G(t) \qquad (10.34)$$

と表現されるとすれば，式 (10.32) は式 (10.28) に一致する．すなわち，式 (10.33)，(10.34) を満足するような拡大線形行列 $Q(t) = (F(t), G(t))^T$ は

$$\frac{d}{dt}Q(t) = -M(t)Q(t) \qquad (10.35)$$

ここで
$$M(t) = \begin{pmatrix} B^T(t) & C(t) \\ -A(t) & -B(t) \end{pmatrix} \tag{10.36}$$
を解けばよい。すなわち
$$Q(t) = \exp\left(-\int_0^t d\tau M(\tau)\right) Q(0) \tag{10.37}$$

10.4 応用例

このような行列リカッチ方程式は，①カルマンフィルタ (Kalman filter)，②時系列解析 (time series analysis)，③最適制御問題 (optimal control)，④現代制御理論 (H_∞ control) などの解析に応用されている。

行列リカッチ方程式が，なぜ上に列記したような問題に役に立つのかを理解するために，まず，③の最適制御問題を考えることにする。いま，考察しようとしているシステムの状態方程式を

$$\frac{d}{dt}\vec{x}(t) = \vec{f}(\vec{x}(t), \vec{u}(t), t) \tag{10.38}$$

と表現してみよう。ここで，$\vec{x}$ は n 次元の状態ベクトル，$\vec{u}$ は m 次元の制御ベクトルとする。評価関数を

$$J = \phi[\vec{x}(t_f)] + \int_{t_0}^{t_f} f_0(\vec{x}(t), \vec{u}(t), t) dt \tag{10.39}$$

で定義しよう。このような J を最小にするような制御 $\vec{u}$ を決定することを最適制御問題という。式 (10.39) の評価関数に記されている $\phi[\vec{x}(t_f)]$ や $f_0(\vec{x}(t), \vec{u}(t), t)$ などの関数の具体的な形が**表 10.1** に示されている。この問題は初期状態 $\vec{x}(t_0)$ と終期状態 $\vec{x}(t_f)$ が関係する境界値問題になっている。

以下では，記号を省略してベクトル $\vec{x}, \vec{u}$ などを単に x, u などと書き，行列 F, Q, R も特に太字などを使わずに表すことにする。また，表 10.1 の (d) で，F, R, Q などが定数行列である場合には，つぎの評価関数 J_1 を最小化すればよい。

10.4 応用例

表 10.1 最適制御問題の例

最適制御問題	ϕ	f_0	付帯条件など
(a) 最短時間制御	0	1	
(b) 最小燃料制御	0	$|\vec{u}(t)|$	
(c) 最小エネルギー制御	0	$|\vec{u}(t)|^2$	
(d) 最適レギュレータ問題	$\vec{x}^T(t_f)F\vec{x}(t_f)$	$\vec{x}^T Q\vec{x} + \vec{u}^T R\vec{u}$	F, Q は $(n \times n)$, R は $(m \times m)$

$$J_1 = \frac{1}{2}x^T Q x + \frac{1}{2}u^T R u + \lambda^T (Ax + Bu - \dot{x}) \tag{10.40}$$

ただし, λ は n 成分をもつベクトルであることに注意する. これを最小化するには

$$\frac{\partial J_1}{\partial x} - \frac{d}{dt}\left(\frac{\partial J_1}{\partial \dot{x}}\right) = 0 \tag{10.41}$$

$$\frac{\partial J_1}{\partial u} - \frac{d}{dt}\left(\frac{\partial J_1}{\partial \dot{u}}\right) = 0 \tag{10.42}$$

したがって

$$Qx + A^T \lambda + \dot{\lambda} = 0 \tag{10.43}$$

$$Ru + B^T \lambda = 0 \tag{10.44}$$

したがって, 最適値は

$$\hat{u} = -R^{-1}B^T \lambda \tag{10.45}$$

これをシステムの方程式に代入すると

$$\frac{d}{dt}x = Ax - BR^{-1}B^T \lambda \tag{10.46}$$

$$\frac{d}{dt}\begin{pmatrix} x \\ \lambda \end{pmatrix} = \begin{pmatrix} A & -BR^{-1}B^T \\ -Q & -A^T \end{pmatrix}\begin{pmatrix} x \\ \lambda \end{pmatrix} \tag{10.47}$$

横断条件

$$\lambda(t_f) = Fx(t_f) \tag{10.48}$$

$$\lambda(t) = P(t)x(t) \tag{10.49}$$

を仮定すると

$$\frac{d}{dt}x = Ax - BR^{-1}B^T P(t)x \tag{10.50}$$

$$\frac{d}{dt}\lambda = -Qx - A^T Px = \frac{d}{dt}Px + P\frac{d}{dt}x \tag{10.51}$$

λ を消去して整理すると，

$$\frac{d}{dt}Px + P\left[Ax - BR^{-1}B^T Px\right] = -Qx - A^T Px \tag{10.52}$$

$$\left(\frac{d}{dt}P + PA + A^T P + Q - PBR^{-1}B^T P\right)x = 0 \tag{10.53}$$

$x \neq 0$ であるから，次式が成立することになる．

$$\frac{d}{dt}P + PA + A^T P + Q - PBR^{-1}B^T P = 0 \tag{10.54}$$

これは，行列リカッチ方程式である．横断条件より

$$P(t_f) = F \tag{10.55}$$

これを解けば，最適制御値も決められることになる．

【例 10.2】

1 変数 x の安定なシステムに制御 u がかけられている．

$$\dot{x} = -x + u \tag{10.56}$$

評価関数

$$J[u] = \int_{t_0}^{t_f} (x^2 + u^2)\, dt \tag{10.57}$$

を最小にするような最適制御 $\hat{u}$ を求める問題を考えよう．式 (10.54) で $A = -1$, $B = Q = R = 1$, 式 (10.55) で $P(t_f) = F = 0$ の場合を考えよう．リカッチ方程式は

$$\dot{P} = -1 + 2P + P^2 \tag{10.58}$$

となる．従属変数変換 $P(t) = g(t)/f(t)$ で解を求めることにする．式 (10.26) で $a_0 = -1$, $b_0 = 1$, $c_0 = 1$ と置けばこの場合の解 $f(t), g(t)$ が初期値

$f(t_0), g(t_0)$ の下でつぎのように求められる.

$$\begin{pmatrix} f(t) \\ g(t) \end{pmatrix} = \exp \begin{pmatrix} -t & -t \\ -t & t \end{pmatrix} \begin{pmatrix} f(t_0) \\ g(t_0) \end{pmatrix} \tag{10.59}$$

$$= \begin{pmatrix} \cosh\sqrt{2}t - \dfrac{1}{\sqrt{2}}\sinh\sqrt{2}t & -\dfrac{1}{\sqrt{2}}\sinh\sqrt{2}t \\ -\dfrac{1}{\sqrt{2}}\sinh\sqrt{2}t & \cosh\sqrt{2}t + \dfrac{1}{\sqrt{2}}\sinh\sqrt{2}t \end{pmatrix} \begin{pmatrix} f(t_0) \\ g(t_0) \end{pmatrix} \tag{10.60}$$

終期条件 $P(t_f) = 0$ から

$$-\frac{1}{\sqrt{2}}\sinh\sqrt{2}t_f f(t_0) + \left(\cosh\sqrt{2}t_f + \frac{1}{\sqrt{2}}\sinh\sqrt{2}t_f\right) g(t_0) = 0 \tag{10.61}$$

$g(t_0)$ を消去し,関係式

$$\cosh\sqrt{2}t \cosh\sqrt{2}t_f - \sinh\sqrt{2}t \sinh\sqrt{2}t_f = \cosh\sqrt{2}(t - t_f) \tag{10.62}$$

$$\cosh\sqrt{2}t \sinh\sqrt{2}t_f - \sinh\sqrt{2}t \cosh\sqrt{2}t_f = \sinh\sqrt{2}(t - t_f) \tag{10.63}$$

を利用すれば $P(t)$ 次式のように求められる.

$$P(t) = \frac{-\sinh\sqrt{2}(t - t_f)}{\sqrt{2}\cosh\sqrt{2}(t - t_f) - \sinh\sqrt{2}(t - t_f)} \tag{10.64}$$

式 (10.39) の評価関数で,積分の上限 t_f が ∞ になっているときには,行列 $F = 0$ と置いてよく,評価関数は

$$J_1 = \frac{1}{2}\int_0^\infty [x^T Q x + u^T R u]\, dt \tag{10.65}$$

となるだけでなく P も定数行列となり,上記のリカッチ方程式は

$$PA + A^T P + Q - PBR^{-1}B^T P = 0 \tag{10.66}$$

となるので,最適制御 $\hat{u}(t)$ は

$$\hat{u}(t) = -R^{-1}BPx \tag{10.67}$$

となる.

【例 10.3】

今度は，不安定なシステムを考えよう．

$$\dot{x} = x + u \qquad (10.68)$$

このようなシステムでは，制御 u が働いていなければシステムを安定に保つことができない．評価関数を $t_f = \infty$ として

$$J[u] = \int_{t_0}^{\infty} (x^2 + u^2)\, dt \qquad (10.69)$$

を最小とするような最適制御 $\hat{u}$ を求めてみよう．$A = B = Q = R = 1$ と置き，P は定数であることに注意して，リカッチ方程式は

$$0 = -1 - 2P + P^2 \qquad (10.70)$$

となるので，定数解 P はつぎの 2 個となる．

$$P_{\pm} = 1 \pm \sqrt{2} \qquad (10.71)$$

P_+ を採用すればシステムは漸近安定になることがわかる．

$$\dot{x} = -\sqrt{2}\, x \qquad (10.72)$$

多変数 x のシステムでもこのようにして，一般に制御を入れることにより

$$\dot{x} = (A - R^{-1}BP)x \qquad (10.73)$$

を漸近安定にできることがわかる．

演 習 問 題

10.1 10.1 節の例 10.1 に示されている物体の落下問題を，10.2 節で紹介した従属変数を変換する方法で解いてみよ．

10.2 行列リカッチ方程式 (10.28) の解が線形連立方程式 (10.35) の解として得られることを確認せよ．

10.3 制御 $u = (u_1, u_2)^T$ が働いている 2 成分の連成振動系の線形モデルを考え

よう。
$$\frac{d}{dt}x = Ax + Bu \tag{q10.1}$$
ここで，$x(t) = (x_1(t), x_2(t), v_1(t), v_2(t))^T$，であり
$$A = \begin{pmatrix} 0 & 0 & 1 & 0 \\ 0 & 0 & 0 & 1 \\ \alpha & \beta & 0 & 0 \\ \beta & \alpha & 0 & 0 \end{pmatrix} \tag{q10.2}$$

$$B = \epsilon \begin{pmatrix} 0 & 0 \\ 0 & 0 \\ \alpha & \beta \\ \beta & \alpha \end{pmatrix} \tag{q10.3}$$

と表現されるとする。この系では変位 $(x_1, x_2)^T$ のみが観測され，すなわち
$$y \equiv \begin{pmatrix} y_1 \\ y_2 \end{pmatrix} = \begin{pmatrix} 1 & 0 & 0 & 0 \\ 0 & 1 & 0 & 0 \end{pmatrix} \begin{pmatrix} x_1 \\ x_2 \\ v_1 \\ v_2 \end{pmatrix} \tag{q10.4}$$

とするとき
$$J = \int_0^\infty (\gamma y^T y + u^T u) dt \tag{q10.5}$$
を最小とする最適制御 $\hat{u}$ を求めよ。

付録　便利な公式集

A：ベクトルおよび行列

n 個の実数成分を要素としてもつ縦ベクトルを

$$\vec{x} = \begin{pmatrix} x_1 \\ x_2 \\ . \\ . \\ . \\ x_n \end{pmatrix} \tag{A.1}$$

で表現する。この転置をとることによって対応する横ベクトルが得られる。

$$\vec{x}^T = (x_1 \quad x_2 \quad . \quad . \quad . \quad x_n) \tag{A.1*}$$

また，n 行 n 列 $(n \times n)$ 正則行列を

$$\boldsymbol{A} = \begin{pmatrix} a_{11} & a_{12} & ... & a_{1n} \\ . & . & ... & . \\ a_{n1} & a_{n2} & ... & a_{nn} \end{pmatrix} \tag{A.2}$$

で表す。$\boldsymbol{A}$ は t の関数であるとし，微分操作をここではダッシュ($\prime$) で表現する。正則行列 $\boldsymbol{A}$ にはつぎのような微分公式が成立する。

$$(\boldsymbol{A}(t) + \boldsymbol{B}(t))' = \boldsymbol{A}'(t) + \boldsymbol{B}'(t) \tag{A.3}$$

$$(c(t)\boldsymbol{A}(t))' = c'(t)\boldsymbol{A}(t) + c(t)\boldsymbol{A}'(t) \tag{A.4}$$

$$(\boldsymbol{A}(t)\boldsymbol{B}(t))' = \boldsymbol{A}'(t)\boldsymbol{B}(t) + \boldsymbol{A}(t)\boldsymbol{B}' \tag{A.5}$$

$$(\boldsymbol{A}(t)^{-1})' = -\boldsymbol{A}(t)^{-1}\boldsymbol{A}'(t)\boldsymbol{A}^{-1} \tag{A.6}$$

最後の公式は，単純には納得しがたいので証明をしておく。

正則行列は

$$AA^{-1} = E \tag{A.7}$$

これを微分すると

$$A'A^{-1} + A(A^{-1})' = 0 \tag{A.8}$$

しかるに，左から A の逆行列を作用させて移行すれば

$$(A(t)^{-1})' = -A(t)^{-1}A'(t)A(t)^{-1} \qquad \text{(Q.E.D.)}\,^\dagger \tag{A.9}$$

また，つぎのような行列 X, Y の指数，正弦，余弦関数の公式も有用である。

$$\exp(X) = E + X + \frac{1}{2!}X^2 + ... + \frac{1}{n!}X^n + ... \tag{A.10}$$

$$\sin(Y) = \sum_{n=0}^{\infty} \frac{(-1)^n}{(2n+1)!} Y^{2n+1} \tag{A.11}$$

$$\cos(Y) = \sum_{n=0}^{\infty} \frac{(-1)^n}{(2n)!} Y^{2n} \tag{A.12}$$

正弦，余弦関数の公式は，指数関数の公式で $X = iY$ と置いて，実数部分と虚数部分に分離すれば，それぞれ余弦公式，正弦公式が得られることに注意する。また，指数関数の定義は A を正則行列として次式のように表現されることに注意する。

$$\lim_{p \to \infty} \left(E + \frac{1}{p}A\right)^p = \exp(A) \tag{A.13}$$

つぎの分解公式もしばしば有用である。

$$\exp(A + B) = \exp(A)\exp(B) \tag{A.14}$$

$$\sin(A + B) = \sin A \cos B + \cos A \sin B \tag{A.15}$$

スカラ関数のベクトル微分は

---

† Q.E.D. は "証明終わり" を意味するラテン語である。

$$\frac{d}{d\vec{x}}f = \begin{pmatrix} \dfrac{\partial}{\partial x_1}f \\ \dfrac{\partial}{\partial x_2}f \\ . \\ . \\ \dfrac{\partial}{\partial x_n}f \end{pmatrix} = \operatorname{grad} f = \nabla f \tag{A.16}$$

2次形式のベクトル微分は,内積を使って次式のように表現し

$$f = \vec{x}^T \boldsymbol{A} \vec{x} = (\vec{x}, \boldsymbol{A}\vec{x}) \tag{A.17}$$

これをベクトル $\vec{x}$ で微分して

$$\frac{d}{d\vec{x}}f = \frac{d(\vec{x}, \boldsymbol{A}\vec{x})}{d\vec{x}} = \boldsymbol{A}\vec{x} + \boldsymbol{A}^T \vec{x} \tag{A.18}$$

同様に,双1次形式

$$f = \vec{x}^T \boldsymbol{A} \vec{y} \tag{A.19}$$

のベクトル微分はつぎのようになる。

$$\frac{d}{d\vec{x}}f = \boldsymbol{A}\vec{y} \tag{A.20}$$

$$\frac{d}{d\vec{y}}f = \boldsymbol{A}^T \vec{x} \tag{A.21}$$

ベクトルのベクトルによる微分は,y を m 次元の縦ベクトル,x を n 次元の縦ベクトルとすると,関係式

$$\vec{y} = \boldsymbol{A}\vec{x} \tag{A.22}$$

の係数行列 $\boldsymbol{A}$ は $(m \times n)$ 行列となり,$\vec{y}$ を $\vec{x}$ で微分すると次式が得られる。

$$\frac{d\vec{y}}{d\vec{x}} = \begin{pmatrix} \dfrac{\partial y_1}{\partial x_1} & \dfrac{\partial y_1}{\partial x_2} & . & . & \dfrac{\partial y_1}{\partial x_n} \\ . & . & . & . & . \\ \dfrac{\partial y_n}{\partial x_1} & \dfrac{\partial y_n}{\partial x_2} & . & . & \dfrac{\partial y_n}{\partial x_n} \end{pmatrix} \tag{A.23}$$

B：積分・級数・三角関数

（ⅰ）積分公式

$$\int_{-\infty}^{\infty} \exp(-(x+y)^2)dx = \sqrt{\pi} \tag{B.1}$$

ここで，y は任意の数（複素数でもよい）．

$$\int_{-\infty}^{\infty} \exp(-a^2x^2+ibx)dx = \frac{\sqrt{\pi}}{a}\exp\left(-\frac{b^2}{4a^2}\right) \tag{B.2}$$

[(B.2) の証明]

公式 (B.1) を認めると

$$\int_{-\infty}^{\infty} \exp(-a^2x^2+ibx)dx$$

$$= \exp\left(-\frac{b^2}{4a^2}\right)\int_{-\infty}^{\infty} \exp\left(-a^2\left(x-i\frac{b}{2a}\right)^2\right)$$

$$= \frac{\sqrt{\pi}}{a}\exp\left(-\frac{b^2}{4a^2}\right) \qquad \text{(Q.E.D.)}$$

$$\int_{-\infty}^{\infty} \exp(-b^2(x-y)^2)\exp(-a^2y^2)dy$$

$$= \frac{\sqrt{\pi}}{\sqrt{a^2+b^2}}\exp\left(-\frac{a^2b^2}{a^2+b^2}x^2\right) \tag{B.3}$$

$$\int_0^{\infty} \exp\left(-x^2-\frac{\alpha^2}{x^2}\right)dx = \frac{\sqrt{\pi}}{2}\exp(-2\alpha) \tag{B.4}$$

[(B.4) の証明]

与式の積分はパラメータ α を含んだ積分であるので $I(\alpha)$ と置き，そのパラメータ α について微分すると

$$\frac{d}{d\alpha}I(\alpha) = -2\alpha\int_0^{\infty} \frac{1}{x^2}\exp\left(-x^2-\frac{\alpha^2}{x^2}\right)dx$$

が得られる．$x = \alpha/y$ と変数変換すれば

$$\frac{d}{d\alpha}I(\alpha) = -2\int_0^{\infty} \exp\left(-y^2-\frac{\alpha^2}{y^2}\right)dy = -2I(\alpha)$$

よって，C を積分定数として $I(\alpha) = C\exp(-2\alpha)$ となる．$C = I(0) = \int_0^\infty \exp(-x^2)\,dx = \sqrt{\pi}/2$ に注意して

$$I(\alpha) = \frac{\sqrt{\pi}}{2}\exp(-2\alpha) \quad \text{(Q.E.D.)}$$

(ⅱ) 級数和の公式

$$2\sum_{n=1}^\infty \frac{\sin n\pi x \sin n\pi \xi}{(n\pi)^2} = \begin{cases} x(1-\xi) & (0 \le x \le \xi) \\ \xi(1-x) & (\xi < x \le \ell) \end{cases} \quad \text{(B.5)}$$

(ⅲ) 三角関数の公式

$$\sin A \cos B = \frac{1}{2}[\sin(A+B) + \sin(A-B)] \tag{B.6}$$

$$\sin A \sin B = -\frac{1}{2}[\cos(A+B) - \sin(A-B)] \tag{B.7}$$

$$\cos A \cos B = \frac{1}{2}[\cos(A+B) + \cos(A-B)] \tag{B.8}$$

C：ラプラス変換

本書で出てくる微分方程式に関係したラプラス変換の公式を便利のために表に示す (**表 C.1**)。
関数 $f(t)$ のラプラス変換 $F[s]$ を次式で定義する。

$$F[s] \equiv \int_0^\infty \exp(-st)f(t)dt \tag{C.1}$$

これに対応する逆ラプラス変換は

$$f(t) = \frac{1}{2\pi i}\int_{c-i\infty}^{c+i\infty} \exp(st)F[s]ds \tag{C.2}$$

と表現することができる。式 (C.2) は複素平面での線積分であり，s_j ($j = 1, 2, ..., M$) を極とすれば，留数定理

$$\sum_{j=1}^M 2\pi i \times \text{Res}[e^{st}F[s], s_j] \tag{C.3}$$

を用いて簡単に計算することができる。表 C.1 で $J_0(z)$ はゼロ次のベッセル関数。

表 C.1　よく使われる変換公式

番号	$f(t)$	$F[s]$	備考
1	$\delta(t)$	1	δ 関数
2	$H(t)$	$\dfrac{1}{s}$	ステップ関数
3	t^n	$\dfrac{n!}{t^{n+1}}$	
4	t^α	$\dfrac{\Gamma(\alpha+1)}{s^{\alpha+1}}$	$(\alpha > -1)$
5	e^{at}	$\dfrac{1}{s-a}$	a：複素数可
6	te^{at}	$\dfrac{1}{(s-a)^2}$	a：複素数可
7	$t^n e^{at}$	$\dfrac{n!}{(s-a)^{n+1}}$	a：複素数可
8	$t^{-1/2} e^{-k^2/4t}$	$\dfrac{\sqrt{\pi}}{\sqrt{s}} e^{-k\sqrt{s}}$	
9	$t^{-3/2} e^{-k^2/4t}$	$\dfrac{2\sqrt{\pi}}{k} e^{-k\sqrt{s}}$	
10	$\sin at$	$\dfrac{a}{s^2+a^2}$	
11	$\cos at$	$\dfrac{s}{s^2+a^2}$	
12	$e^{bt} \sin at$	$\dfrac{a}{(s-b)^2+a^2}$	
13	$e^{bt} \cos at$	$\dfrac{s-b}{(s-b)^2+a^2}$	
14	$\sinh at$	$\dfrac{a}{s^2-a^2}$	a：複素数可
15	$\cosh at$	$\dfrac{s}{s^2-a^2}$	a：複素数可
16	$J_0(at)$	$\dfrac{1}{\sqrt{s^2+a^2}}$	ベッセル関数
17	$J_0(2\sqrt{kt})$	$\dfrac{1}{s} e^{-k/s}$	ベッセル関数
18	$\mathrm{erfc}\left(\dfrac{k}{2\sqrt{t}}\right)$	$\dfrac{1}{s} e^{-k\sqrt{s}}$	余誤差関数
19	$e^{at} f(t)$	$F[s-a]$	
20	$f(t-a) H(t-a)$	$\dfrac{1}{s} e^{-as}$	
21	$\int_0^t d\tau f_1(\tau) f_2(t-\tau)$	$F_1[s] F_2[s]$	畳込み積分

$$J_0(z) = \frac{2}{\pi} \int_0^1 \frac{\cos zt}{\sqrt{1-t^2}} dt \tag{C.4}$$

であり,erfc(x) は余誤差関数である.

$$\text{erfc}(x) = \frac{2}{\sqrt{\pi}} \int_x^\infty e^{-t^2} dt \tag{C.5}$$

余誤差関数と誤差関数

$$\text{erf}(x) = \frac{2}{\sqrt{\pi}} \int_0^x e^{-t^2} dt \tag{C.6}$$

の和は 1 となる (erf(x) + erfc(x) = 1).

ラプラス変換公式の証明

［公式 8］の証明

積分

$$I_8 \equiv \int_0^\infty t^{-1/2} e^{-st} e^{-k^2/4t} \, dt \tag{C.7}$$

を実行するために $st = x^2$ と変数変換すれば

$$I_8 = \int_0^\infty \frac{\sqrt{s}}{x} \exp\left(-x^2 - \frac{sk^2}{4x^2}\right) \frac{2x}{s} \, dx \tag{C.8}$$

$$= \frac{2}{\sqrt{s}} \int_0^\infty \exp\left(-x^2 - \frac{sk^2}{4}\frac{1}{x^2}\right) dx \tag{C.9}$$

ここで,$\alpha^2 = sk^2/4$ と置けば,積分公式 (B.4) が使えて,つぎのような値を得る.

$$I_8 = \frac{2}{\sqrt{s}} \frac{\sqrt{\pi}}{2} e^{2\cdot(k\sqrt{s}/2)} = \frac{\sqrt{\pi}}{\sqrt{s}} e^{-k\sqrt{s}} \quad \text{(Q.E.D.)} \tag{C.10}$$

［公式 9］の証明

$$I_9 \equiv \int_0^\infty t^{-3/2} e^{-st} e^{-k^2/4t} \, dt \tag{C.11}$$

公式 8 の証明の場合と同様,$st = x^2$ と変数変換し,$\alpha^2 = sk^2/4$ と置けば

$$I_9 = 2\sqrt{s} \int_0^\infty \exp\left(-x^2 - \frac{\alpha^2}{x^2}\right) \frac{1}{x^2} dx \tag{C.12}$$

$$= 2\sqrt{s} \frac{\sqrt{\pi}}{2} \frac{1}{\alpha} = \frac{2\sqrt{\pi}}{k} e^{-k\sqrt{s}} \quad \text{(Q.E.D.)} \tag{C.13}$$

［公式18］の証明

まず，余誤差関数が公式9の関数の時刻0からtまでの時間積分として得られることを示す必要がある．すなわち

$$I = \int_0^t \frac{k}{2\sqrt{\pi t^3}} e^{-k^2/4t} dt \tag{C.14}$$

に対し，変数変換 $k/(2\sqrt{t}) = u$ を施すと

$$I = \int_\infty^{k/(2\sqrt{t})} e^{-u^2} \frac{1}{\sqrt{\pi}} (-2du) = \frac{2}{\sqrt{\pi}} \int_{k/(2\sqrt{t})}^\infty e^{-u^2} du = \mathrm{erfc}\left(\frac{k}{2\sqrt{t}}\right) \tag{C.15}$$

一方，時間積分した関数 $\int_0^t f(t)dt$ のラプラス変換は

$$\mathcal{L}\left[\int_0^t f(t)dt\right] = \frac{F[s]}{s} \tag{C.16}$$

ただし，$F[s]$ は関数 $f(t)$ のラプラス変換 $F[s] = \mathcal{L}[f(t)]$ に注意すれば

$$\mathcal{L}\left[\mathrm{erfc}\left(\frac{k}{2\sqrt{t}}\right)\right] = \frac{1}{s} e^{-k\sqrt{s}} \quad \text{(Q.E.D.)} \tag{C.17}$$

D：ルンゲ・クッタ公式作成法

微分方程式

$$\frac{d}{dt} y = f(y, t) \tag{D.1}$$

を考えよう．ここで，$f(y,t)$ は連続な任意の非線形関数であるとする．この方程式の形式解は，両辺を時刻 t から $t+h$ まで単純に積分することにより

$$y(t+h) = y(t) + \int_t^{t+h} f(y(\tau), \tau) \, d\tau \tag{D.2}$$

と表現される．h が十分小さいとして，2段のルンゲ・クッタ公式では

$$k_1 = hf(y + \alpha_{11} k_1 + \alpha_{12} k_2, t + \sigma_1 h) \tag{D.3}$$

$$k_2 = hf(y + \alpha_{21} k_1 + \alpha_{22} k_2, t + \sigma_2 h) \tag{D.4}$$

ただし

$$\sigma_1 = \alpha_{11} + \alpha_{12}, \quad \sigma_2 = \alpha_{21} + \alpha_{22} \tag{D.5}$$

と仮定し，$[0, h]$ 間の二つの異なる時刻での値を使って $y(t+h)$ での値を近似することを考える．すなわち，重み付平均で近似しようというわけである．

$$y(t+h) = y(t) + w_1 k_1 + w_2 k_2 \tag{D.6}$$

(D.3)，(D.4) をテイラー展開すれば

$$k_1 = hf + \sigma_1 h^2 f_t + h(\alpha_{11} k_1 + \alpha_{12} k_2) f_y + O(h^3) \tag{D.7}$$

$$k_2 = hf + \sigma_2 h^2 f_t + h(\alpha_{21} k_1 + \alpha_{22} k_2) f_y + O(h^3) \tag{D.8}$$

ただし，$O(h^m)$ はランダウ (Landau) の記号と呼ばれるもので m を h に関する無限大の位数（オーダー）であることを意味する．$O(h^3)$ の項を無視すれば，(D.7)，(D.8) は k_1, k_2 についての線形方程式となる．

$$(1 - h\alpha_{11} f_y) k_1 - h\alpha_{12} f_y k_2 = hf + \sigma_1 h^2 f_t \tag{D.9}$$

$$-h\alpha_{21} f_y k_1 + (1 - h\alpha_{22} f_y) k_2 = hf + \sigma_2 h^2 f_t \tag{D.10}$$

これを行列で解いて

$$\begin{pmatrix} k_1 \\ k_2 \end{pmatrix} = \begin{pmatrix} (1 - h\alpha_{11} f_y) & -h\alpha_{12} f_y \\ -h\alpha_{21} f_y & (1 - h\alpha_{22} f_y) \end{pmatrix}^{-1} \begin{pmatrix} hf + \sigma_1 h^2 f_t \\ hf + \sigma_2 h^2 f_t \end{pmatrix}$$

$$= \frac{\begin{pmatrix} hf + \sigma_1 h^2 f_t + (\alpha_{12} - \alpha_{22}) h^2 f_y f + O(h^3) \\ hf + \sigma_1 h^2 f_t + (\alpha_{21} - \alpha_{11}) h^2 f_y f + O(h^3) \end{pmatrix}}{1 - h(\alpha_{11} + \alpha_{22}) f_y + h^2 (\alpha_{11}\alpha_{22} - \alpha_{12}\alpha_{21}) f_y^2} \tag{D.11}$$

を得る．分母の関数を展開すると

$$[1 - h(\alpha_{11} + \alpha_2 2)] f_y + h^2 (\alpha_{11}\alpha_{22} - \alpha_{12}\alpha_{21}) f_y^2]^{-1}$$
$$\approx 1 + h(\alpha_{11} + \alpha_{22}) f_y + O(h^2) \tag{D.12}$$

となることに注意して整理すると

$$k_1 = hf + h^2(\alpha_{11} + \alpha_{12})(f_t + f f_y) + O(h^3) \tag{D.13}$$

$$k_2 = hf + h^2(\alpha_{21} + \alpha_{22})(f_t + f f_y) + O(h^3) \tag{D.14}$$

結局
$$y(t+h) = y(t) + w_1 k_1 + w_2 k_2$$
$$\approx y(t) + h(w_1 + w_2)f + h^2[w_1\sigma_1 + w_2\sigma_2](f_t + ff_y) \qquad (D.15)$$

これがテイラー展開の 2 次の項までの近似
$$y(t+h) \approx y(t) + hy' + \frac{h^2}{2}y'' \qquad (D.16)$$

と一致するためには, $y' = f$, $y'' = f_t + ff_y$ に注意して
$$w_1 + w_2 = 1 \qquad (D.17)$$
$$w_1\sigma_1 + w_2\sigma_2 = \frac{1}{2} \qquad (D.18)$$

となっている必要がある. 前進型の公式では
$$\alpha_{11} = \alpha_{12} = 0, \quad \sigma_1 = 0 \qquad (D.19)$$
$$\alpha_{22} = 0 \qquad (D.20)$$

となっていなければならない. これからただちに
$$w_2\sigma_2 = \frac{1}{2}, \quad \sigma_2 = \alpha_{21} \qquad (D.21)$$

が得られ
$$w_1 = 1 - \frac{1}{2\alpha_{21}} \qquad (D.22)$$

となる. この α_{21} の値にのみ任意性がある. 2 段 2 位公式は, このように行列 (専門家はこれを**ステッター行列**と呼んでいる)
$$\begin{pmatrix} \alpha_{11} & \alpha_{12} \\ \alpha_{21} & \alpha_{22} \\ w_1 & w_2 \end{pmatrix} = \begin{pmatrix} 0 & 0 \\ \alpha_{21} & 0 \\ 1 - \dfrac{1}{2\alpha_{21}} & \dfrac{1}{2\alpha_{21}} \end{pmatrix} \qquad (D.23)$$

を指定すれば完全に定まる. 特別な場合として, (i) $\alpha_{21} = 1/2$ のとき, 改良オイラー法, (ii) $\alpha_{21} = 1$ のとき, 修正オイラー法に一致する.

修正オイラー法は差分式で書けば
$$y(m+1) = y(m) + hf\left(y\left(m + \frac{1}{2}\right)\right) \qquad (D.24)$$

となり，一見すると本文中の説明と違うように見えるが，刻み幅 $h/2$ を h で置き換えると

$$y(2(m+1)) = y(2m) + 2hf(y(2m+1)) \tag{D.25}$$

$n = 2m + 1$ と置き換えると

$$y(n+1) = y(n-1) + 2hf(y(n)) \tag{D.26}$$

となることがわかる。高位公式（h^m の $m = 3, 4, ...$）をつくるのも同様の手続きで実行すればよい。

　ルンゲ・クッタの原公式は4段4位の美しい公式で，比較的精度が高く実用上でもよく用いられている。

$$k_1 = hf(y, t) \tag{D.27}$$

$$k_2 = hf\left(y + \frac{1}{2}k_1, t + \frac{1}{2}h\right) \tag{D.28}$$

$$k_3 = hf\left(y + \frac{1}{2}k_2, t + \frac{1}{2}h\right) \tag{D.29}$$

$$k_4 = hf(y + k_3, t + h) \tag{D.30}$$

$$y(t+h) = y(t) + \frac{1}{6}(k_1 + 2k_2 + 2k_3 + k_4) \tag{D.31}$$

ステッター行列で表現すると

$$\begin{pmatrix} \alpha_{11} & \alpha_{12} & \alpha_{13} & \alpha_{14} \\ \alpha_{21} & \alpha_{22} & \alpha_{23} & \alpha_{24} \\ \alpha_{31} & \alpha_{32} & \alpha_{33} & \alpha_{34} \\ \alpha_{41} & \alpha_{42} & \alpha_{43} & \alpha_{44} \\ w_1 & w_2 & w_3 & w_4 \end{pmatrix} = \begin{pmatrix} 0 & 0 & 0 & 0 \\ \frac{1}{2} & 0 & 0 & 0 \\ 0 & \frac{1}{2} & 0 & 0 \\ 0 & 0 & 1 & 0 \\ \frac{1}{6} & \frac{2}{6} & \frac{2}{6} & \frac{1}{6} \end{pmatrix} \tag{D.32}$$

となり，0要素が多く，有理数の簡単な係数だけで表現されることがわかる。

　5位以上の高位公式をつくる場合には，一般に，段数＞位数となることが知られている。

E：δ 関数の定義

δ 関数 $\delta(x)$ はつぎのような関係式を満足する関数として定義される。

$$\int_{-\infty}^{\infty} f(x)\delta(x-\xi)dx = f(\xi) \tag{E.1}$$

δ 関数の微分 $\delta'(x)$ もしばしば現れるが，部分積分を実行して

$$\int_{-\infty}^{\infty} f(x)\delta'(x-\xi)dx = -\int_{-\infty}^{\infty} f'(x)\delta(x-\xi)dx = -f'(\xi) \tag{E.2}$$

となることが示せる。同様にして，δ 関数の n 階微分 $\delta^{(n)}(x)$ に対するつぎのような公式が得られる。

$$\int_{-\infty}^{\infty} f^{(n)}(x)\delta(x-\xi)dx = (-1)^n f^{(n)}(\xi) \tag{E.3}$$

定義式 (E.1) から，無限大体系における δ 関数は

$$\delta(x-\xi) = \frac{1}{2\pi}\int_{-\infty}^{\infty} dy \exp(i(x-\xi)y) \tag{E.4}$$

で定義される。有限体系 $0 \leq x \leq \ell$ における δ 関数は

$$\delta(x-\xi) = \frac{2}{\ell}\sum_{n=1}^{\infty}\sin\frac{n\pi x}{\ell}\sin\frac{n\pi \xi}{\ell} \tag{E.5}$$

などのような系の固有関数の無限級数和で表現されることになる。

F：連成振動子の明瞭解の導出

連成振動子の形式解 $\vec{x}(t) = (x_1(t), x_2(t))^T$ 式 (3.64) は

$$\vec{x}(t) = (\cos \boldsymbol{K}^{1/2}t)\vec{x}(0) + \boldsymbol{K}^{-1/2}(\sin \boldsymbol{K}^{1/2}t)\vec{v}(0) \tag{F.1}$$

と表現される。ただし，初期条件は $\vec{x}(0) = (x_1(0), x_2(0))^T$ 及び $\vec{v}(0) = (v_1(0), v_2(0))^T$ であり，行列 $\boldsymbol{K}$ はつぎのように定義されている。

$$\boldsymbol{K} = \begin{pmatrix} 2\kappa & -\kappa \\ -\kappa & 2\kappa \end{pmatrix} \tag{F.2}$$

この行列 $\boldsymbol{K}$ の固有値は

$$\boldsymbol{\Lambda} = \begin{pmatrix} \kappa & 0 \\ 0 & 3\kappa \end{pmatrix} \tag{F.3}$$

であり,固有ベクトルは

$$\boldsymbol{P} = (\vec{e}^{(1)}, \vec{e}^{(2)}) = \begin{pmatrix} 1 & 1 \\ 1 & -1 \end{pmatrix} \tag{F.4}$$

と求められている。(F.4) の逆行列 $\boldsymbol{P}$ は

$$\boldsymbol{P}^{-1} = \frac{1}{2} \begin{pmatrix} 1 & 1 \\ 1 & -1 \end{pmatrix} \tag{F.5}$$

であり,行列 $\boldsymbol{K}$ と $\boldsymbol{P}$ 間は相似変換

$$\boldsymbol{P}^{-1}\boldsymbol{K}\boldsymbol{P} = \boldsymbol{\Lambda} \tag{F.6}$$

で結ばれている。式 (F.1) の右辺第 1 項目は $\boldsymbol{P}$ が正則行列であり,$\boldsymbol{P}\boldsymbol{P}^{-1} = \boldsymbol{P}^{-1}\boldsymbol{P} = \boldsymbol{E}$ であることを思い起こすと

$$(\cos \boldsymbol{K}^{1/2} t)\vec{x}(0) \tag{F.7}$$

$$= \boldsymbol{P}\boldsymbol{P}^{-1}(\cos \boldsymbol{K}^{1/2} t)\, \boldsymbol{P}\boldsymbol{P}^{-1}\vec{x}(0) \tag{F.8}$$

行列の余弦関数の定義 (A.12) から

$$= \boldsymbol{P}\boldsymbol{P}^{-1} \sum_{n=0}^{\infty} \frac{(-1)^n}{(2n)!} \boldsymbol{K}^n t^{2n} \boldsymbol{P}\boldsymbol{P}^{-1} \vec{x}(0) \tag{F.9}$$

$$= \boldsymbol{P} \left\{ \sum_{n=0}^{\infty} \frac{(-1)^n}{(2n)!} (\boldsymbol{P}^{-1}\boldsymbol{K}\boldsymbol{P})^n t^{2n} \right\} \boldsymbol{P}^{-1} \vec{x}(0) \tag{F.10}$$

$$= \boldsymbol{P} \begin{pmatrix} \sum_{n=0}^{\infty} \frac{(-1)^n}{(2n)!} \kappa^n t^{2n} & 0 \\ 0 & \sum_{n=0}^{\infty} \frac{(-1)^n}{(2n)!} (3\kappa)^n t^{2n} \end{pmatrix} \boldsymbol{P}^{-1} \vec{x}(0) \tag{F.11}$$

$$= \boldsymbol{P} \begin{pmatrix} \cos \sqrt{\kappa} t & 0 \\ 0 & \cos \sqrt{3\kappa} t \end{pmatrix} \boldsymbol{P}^{-1} \vec{x}(0) \tag{F.12}$$

F：連成振動子の明瞭解の導出　　127

$$= \begin{pmatrix} \frac{1}{2}(x_1(0)+x_2(0))\cos\sqrt{\kappa}t + \frac{1}{2}(x_1(0)-x_2(0))\cos\sqrt{3\kappa}t \\ \frac{1}{2}(x_1(0)+x_2(0))\cos\sqrt{\kappa}t - \frac{1}{2}(x_1(0)-x_2(0))\cos\sqrt{3\kappa}t \end{pmatrix}$$
(F.13)

これで，(F.1) 式の右辺第 1 項目の明瞭解は求められた。つぎに，第 2 項目を考えよう。

$$K^{-1/2}(\sin K^{1/2}t)\,\vec{v}(0) \tag{F.14}$$

この計算を実行するために $K^{-1}K^{1/2}(\sin K^{1/2}t)$ と書き直し，K^{-1} と $K^{1/2}$ の間に $E = PP^{-1}$ をはさんで

$$PP^{-1}\Big\{K^{-1}PP^{-1}K^{1/2}(\sin K^{1/2}t)\Big\}PP^{-1}\vec{v}(0) \tag{F.15}$$

を計算することを考える。すなわち

$$= P\Big\{P^{-1}K^{-1}P\Big\}\Big\{P^{-1}K^{1/2}(\sin K^{1/2}t)\,P\Big\}P^{-1}\vec{v}(0) \tag{F.16}$$

ここで，行列正弦関数の定義 (A.11) を使い，また三つの行列 A，B，C の積 ABC の逆行列は $(ABC)^{-1} = C^{-1}B^{-1}A^{-1}$ であることを使うと，$P^{-1}K^{-1}P = (P^{-1}KP)^{-1}$ となることに注意して

$$= P\Big\{(P^{-1}KP)^{-1}\Big\}\Big\{\sum_{n=0}^{\infty}\frac{(-1)^n}{(2n+1)!}(P^{-1}KP)^{n+1}t^{2n+1}\Big\}P^{-1}\vec{v}(0)$$
(F.17)

$$= P\begin{pmatrix} \frac{1}{\kappa} & 0 \\ 0 & \frac{1}{3\kappa} \end{pmatrix}$$

$$\times \begin{pmatrix} \sum_{n=0}^{\infty}\frac{(-1)^n}{(2n+1)!}\kappa^{n+1}t^{2n+1} & 0 \\ 0 & \sum_{n=0}^{\infty}\frac{(-1)^n}{(2n+1)!}(3\kappa)^{n+1}t^{2n+1} \end{pmatrix}P^{-1}\vec{v}(0)$$
(F.18)

$$= P\begin{pmatrix} \frac{1}{\kappa} & 0 \\ 0 & \frac{1}{3\kappa} \end{pmatrix}\begin{pmatrix} \sqrt{\kappa}\sin\sqrt{\kappa}t & 0 \\ 0 & \sqrt{3\kappa}\sin\sqrt{3\kappa}t \end{pmatrix}P^{-1}\vec{v}(0) \tag{F.19}$$

$$= \begin{pmatrix} \dfrac{1}{2}(v_1(0)+v_2(0))\dfrac{1}{\sqrt{\kappa}}\sin\sqrt{\kappa}t + \dfrac{1}{2}(v_1(0)-v_2(0))\dfrac{1}{\sqrt{3\kappa}}\sin\sqrt{3\kappa}t \\ \dfrac{1}{2}(v_1(0)+v_2(0))\dfrac{1}{\sqrt{\kappa}}\sin\sqrt{\kappa}t - \dfrac{1}{2}(v_1(0)-v_2(0))\dfrac{1}{\sqrt{3\kappa}}\sin\sqrt{3\kappa}t \end{pmatrix} \tag{F.20}$$

これで式 (F.1) の右辺第 2 項目の明瞭解が求められた。

G：解曲線上に乗る差分化

$\vec{X}$ を n 変数ベクトルとし，M を $(n\times n)$ 定数行列とするとき定数係数線形微分方程式

$$\frac{d}{dt}\vec{X} = M\vec{X} \tag{G.1}$$

の形式解は

$$\vec{X}(t) = \exp(Mt)\vec{X}(0) \tag{G.2}$$

で与えられることを 2〜3 章で学んだ。ここで式 (G.2) を差分公式を考えた際と同様に微小時間ステップ $t=h$ で考えると，つぎの時間ステップ $t=2h$ での解は

$$\vec{X}(2h) = \exp(2Mh)\vec{X}(0) = \exp(hM)\vec{X}(h) \tag{G.3}$$

であるから，任意の m ステップと $m+1$ ステップ間の漸化式は

$$\vec{X}(m+1) = \exp(hM)\vec{X}(m) \tag{G.4}$$

と書ける。ただし，上式で $\vec{X}(mh)$ を $\vec{X}(m)$ と略記した。すなわち，差分化 (G.4) はつねに解曲線に乗る差分化である。

【例 G.1】 （調和振動子の場合）

$$M = \begin{pmatrix} 0 & 1 \\ -\omega_0^2 & 0 \end{pmatrix} \tag{G.5}$$

であるから

$$\exp(\boldsymbol{M}h) = \begin{pmatrix} \cos\omega_0 h & \dfrac{1}{\omega_0}\sin\omega_0 h \\ -\omega_0\sin\omega_0 h & \cos\omega_0 h \end{pmatrix} \tag{G.6}$$

この行列の固有値は 4.2 節で計算したように $r = \cos\omega_0 h \pm i\sin\omega_0 h$, $|r|=1$ となっており,(G.4) のような差分化は解曲線に乗っていることがわかる.また,これは式 (9.18),(9.19) の差分化そのものである.これを確かめるには,$x(m)$, $v(m)$ の漸化式で $v(m)$ を消去して $x(m)$ だけの式にしてみればよい.散逸のある調和振動子 (2.26) でも同様に,式 (2.58) の係数行列式で t を微小時間ステップ h に置き換えると漸化式が得られる.

【例 G.2】 (ロジスティック方程式の場合)

$$\frac{d}{dt}N = \alpha N - \beta N^2 \tag{G.7}$$

$N = 1/y$ のように変数変換すると

$$\frac{d}{dt}y = -\alpha y + \beta \tag{G.8}$$

となり,一般解は

$$y(t) = \exp(-\alpha t)y(0) + \frac{\beta}{\alpha}(1 - \exp(-\alpha t)) \tag{G.9}$$

となるから,時間刻みを h として漸化式は

$$y(m+1) = \exp(-\alpha h)y(m) + \frac{\beta}{\alpha}(1 - \exp(-\alpha h)) \tag{G.10}$$

となる.もとの変数 $N(m)$ で表現すればつぎのようになる.

$$N(m+1) = \frac{1}{\dfrac{\exp(-\alpha h)}{N(m)} + \dfrac{\beta}{\alpha}(1 - \exp(-\alpha h))} \tag{G.11}$$

厳密解が得られる場合にこのように表現してもなんの益もないと思われる諸氏もおられることだろう.上記のような差分化の考え方は,厳密解が得られない非線形の微分方程式や確率微分方程式の差分化の際に重要となる.

引用・参考文献

微分方程式の一般的なやさしい教科書

1) 矢野健太郎：微分方程式，裳華房 (1968)
2) 古屋　茂：微分方程式入門，サイエンス社 (1980)
3) 近藤次郎 ほか：微分方程式フーリエ解析，工科の数学3，培風館 (1968)

少しレベルの高い教科書

4) 高橋陽一郎：微分方程式入門，東大出版会 (1990)
5) 吉田耕作：微分方程式の解法（第2版），岩波全書，岩波書店 (1980)
6) 福原満洲雄：常微分方程式（第2版），岩波全書，岩波書店 (1980)
7) 一松　信：微分方程式と解法，教育出版 (1978)

数値解析や数値計算のノウハウが書かれた本

8) 三井斌友：数値解析入門，朝倉書店 (1985)
9) W.H. Press ほか：Numerical Recipes in C，技術評論社 (1993)
10) 伊理正夫，藤野和建：数値計算の常識，共立出版 (1985)

行列リカッチ方程式の制御へ応用を知りたい人の教科書

11) 西村敏充，狩野弘之：制御のためのマトリックス・リカッチ方程式，朝倉書店 (1996)
12) 有本　卓：システムと制御の数理，岩波講座応用数学，岩波書店 (1993)

計算確認の際に便利な数学公式集

13) 森口繁一，宇田川銈久，一松　信：岩波全書，数学公式 I, II, III，岩波書店 (1956,1957,1969)

微分方程式の差分化法の初歩を詳しく学習したい人のための参考書

14) 広田良吾：差分方程式講義，サイエンス社 (2000)

確率や統計の問題に関連した，微分方程式の解法に関する参考書

15) 金野秀敏：応用確率統計入門，現代工学社 (1999)

演習問題詳解

1章

1.1 式 (1.16) で $\alpha = \beta = 1$ と置けば

$$N(m+1) = (1 + \Delta t)N(m) - \Delta t N(m)^2 \qquad (s1.1)$$

$\Delta t = 0.1, 1.0, 2.0$ と置いたときの解を図 **s1.1**(a)（実線，破線，一点鎖線）に示す．$\Delta t=1.0$ では，定性的には $\Delta t=0.1$ のときとさほど大きな誤差ではないように見えるが，$\Delta t=2.0$ のときには，2周期解となり1の周りで振動している．

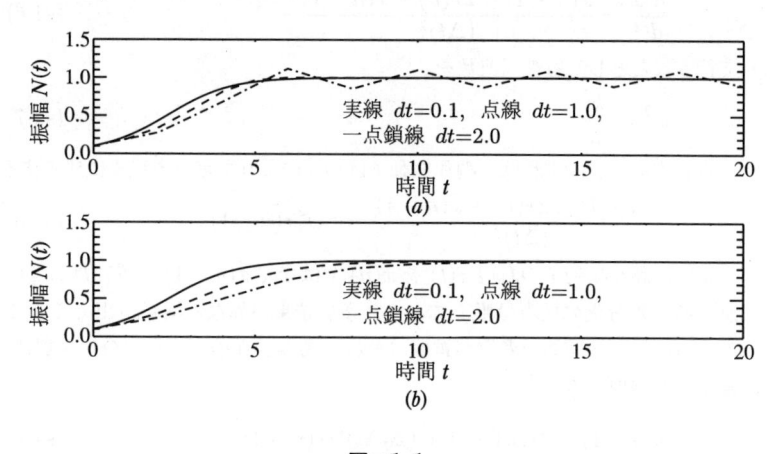

図 s1.1

1.3節で説明した差分化をちょっと変更して線形項 $\alpha N(m)$ を $\alpha N(m+1)$ と置き，さらに非線形項 $\beta N(m)^2$ の代わりに $\beta N(m)N(m+1)$ と置いて

$$N(m+1) - N(m) = \Delta t \alpha N(m+1) - \Delta t \beta N(m+1)N(m) \qquad (s1.2)$$

のように置いてみよう．これを整理して漸化式に変形すると

$$N(m+1) = \frac{N(m)}{1 - \alpha \Delta t + \beta \Delta t N(m)} \qquad (s1.3)$$

となる．数値計算でこれを実行するなら手間は同じである．しかし，このよう

な差分化を行った結果,「Δt をかなり大きく設定してもカオス的な振舞いが発生しない」という著しい結果が生じる.これを確かめた結果を図 (b) に示す.

いま,新しい変数を

$$y(m) = \frac{1}{N(m)} \tag{s1.4}$$

と定義して変数変換すると

$$y(m+1) = (1 - \alpha\Delta t)y(m) + \beta\Delta t \tag{s1.5}$$

となり,線形の差分方程式に帰着する.興味深い点は,もとの連続変数の微分方程式で変数変換 $y = 1/N$ 後,差分化すると式 (s1.5) となり,式 (s1.2) の差分化に一致する.

1.2 2 階微分の差分化を

$$\frac{d^2x}{dt^2} = \frac{x(n+1) - 2x(n) + x(n-1)}{(\Delta t)^2} \tag{s1.6}$$

で行うこととし,特性周波数を

$$\omega_0^2 = \frac{k}{m} \tag{s1.7}$$

で定義することにすれば,調和振動子はつぎのような差分方程式に帰着する.

$$\frac{x(n+1) - 2x(n) + x(n-1)}{(\Delta t)^2} = -\omega_0^2 x(n-1) \tag{s1.8}$$

ここで,調和振動子の右辺 $x(t)$ を $x(n)$ ではなく $x(n-1)$ と置いたことに注意する.差分化の仕方は唯一でなく,多少結果が異なる場合が出てくることもあるので,物理的な考察が重要になる.式 (s1.8) のような差分化を認めて,漸化式を整理すると

$$x(n+1) - 2x(n) + [1 + (\omega_0 \Delta t)^2]x(n-1) = 0 \tag{s1.9}$$

数値計算で $x(n)(n = 1, 2, 3, ...)$ を求めるためには,二つの初期値 $x(0)$,$x(1)$ を与えて $x(2)$,$x(3), ..., x(n)$ と逐次,$x(n)$ の値を決めればよい.

式 (s1.9) は簡単な定数係数の代数方程式であるから

$$x(n) = r^n \tag{s1.10}$$

として解を探してみよう.式 (s1.10) を式 (s1.9) に代入すると

$$r^2 - 2r + [1 + \omega_0^2(\Delta t)^2] = 0 \tag{s1.11}$$

を満足することがわかる.したがって,式 (s1.11) の 2 次方程式の解は

$$r_1 = 1 + i\omega_0(\Delta t), \qquad r_2 = 1 - i\omega_0(\Delta t) \tag{s1.12}$$

よって，式 (s1.10) より，一般解 $x(n)$ は C_1, C_2 を未定の定数として次式のように表現される．

$$x(n) = C_1 r_1^n + C_2 r_2^n \tag{s1.13}$$

初期値 $x(0)$, $x(1)$ を与えて未定定数 C_1, C_2 を決定することを考えよう．

$$x(0) = C_1 + C_2 \tag{s1.14}$$

$$x(1) = C_1 r_1 + C_2 r_2 \tag{s1.15}$$

これから，C_1, C_2 はつぎのように求まる．

$$\begin{pmatrix} C_1 \\ C_2 \end{pmatrix} = \frac{1}{2} \begin{pmatrix} x(0) + \dfrac{i}{\omega_0 \Delta t}(x(0) - x(1)) \\ x(0) + \dfrac{i}{\omega_0 \Delta t}(x(1) - x(0)) \end{pmatrix} \tag{s1.16}$$

$t = n\Delta t$ と置いて，指数関数の定義

$$\lim_{n \to \infty} \left(1 + \frac{i\omega_0 t}{n}\right)^n = \exp(i\omega_0 t) \tag{s1.17}$$

および $\dot{x}(0) = (x(1) - x(0))/\Delta t$ に注意すれば

$$x(t) = C_1 \exp(i\omega_0 t) + C_2 \exp(i\omega_0 t) = \cos \omega_0 t + \frac{1}{\omega_0} \sin \omega_0 t \tag{s1.18}$$

$$\begin{aligned} \dot{x}(t) &= i\omega_0 C_1 \exp(i\omega_0 t) - i\omega_0 C_2 \exp(-i\omega_0 t) \\ &= -\omega_0 \sin \omega_0 t + \cos \omega_0 t \end{aligned} \tag{s1.19}$$

式 (s1.9) の解が式 (s1.10) のような型におけることは，初学者にはすぐには納得できないかもしれない．そこで，以下に初等的な方法で式 (s1.10) のようになることを示す．そのためには，式 (s1.9) を初等的に解ける型に変形する必要がある．α と β を未定の定数として式 (s1.9) を

$$[x(n+1) - \alpha x(n)] - \beta[x(n) - \alpha x(n-1)] = 0 \tag{s1.20}$$

のように変形する．式 (s1.9) がこのようになるためには

$$\alpha + \beta = 2, \quad \alpha\beta = 1 + \omega_0^2 (\Delta t)^2 \tag{s1.21}$$

となっていればよく，これは2次方程式 (s1.11) の2根に等しい．したがって，式 (s1.20) の漸化式を繰り返し用いて

$$x(n+1) - \alpha x(n) = \beta^n [x(1) - \alpha x(0)] \tag{s1.22}$$

を得る．同様にして，式 (s1.22) の階数を一つ下げてみよう．

$$x(n+1) = \alpha[\alpha x(n-1) + \beta^{n-1}(x(1) - \alpha x(0))] + \beta^n(x(1) - \alpha x(0))$$
$$= \alpha^2 x(n-1) + (\beta^n + \alpha\beta^{n-1})(x(1) - \alpha x(0))$$

この操作を繰り返すと次式を得る．

$$= \alpha^{n+1} x(0) + (\beta^n + \alpha\beta^{n-1} + ... + \alpha^{n-1}\beta + \alpha^n)(x(1) - \alpha x(0))$$
$$= \alpha^{n+1} + \frac{\alpha^{n+1} - \beta^{n+1}}{\alpha - \beta}\left(x(1) - \alpha x(0)\right)$$

すなわち，解 $x(n)$ は次式で与えられる．

$$x(n) = \alpha^n x(0) + \frac{\alpha^n - \beta^n}{\alpha - \beta}\left[x(1) - \alpha x(0)\right] \tag{s1.23}$$

ここで，$\alpha = 1 + i\Delta t\omega_0$, $\beta = 1 - i\Delta t\omega_0$ として $n \to \infty$，すなわち $\Delta t \to 0$ の極限をとると答えは複素数になってしまう．α と β を入れ替えても解の形が変わらないようになっていなければおかしい．これを実行すると次式を得る．

$$x(n) = \beta^n x(0) + \frac{\alpha^n - \beta^n}{\alpha - \beta}\left[x(1) - \beta x(0)\right] \tag{s1.24}$$

[(S1.23)+(S1.24)]/2 を新しい解とすることを考えると

$$x(n) = \frac{\alpha^n + \beta^n}{2} x(0) + \frac{\alpha^n - \beta^n}{\alpha - \beta}\left[x(1) - \frac{\alpha + \beta}{2} x(0)\right] \tag{s1.25}$$

$\alpha + \beta = 2$ に注意して次式が得られる．

$$x(n) = \frac{\alpha^n + \beta^n}{2} x(0) + \frac{\alpha^n - \beta^n}{\alpha - \beta}\left[x(1) - x(0)\right] \tag{s1.26}$$

これは α と β を入れ替えても解の形が変わらない．$n \to \infty$，すなわち $\Delta t \to 0$ の極限をとると答えは

$$x(n) = \cos\omega_0 t \, x(0) + \frac{1}{\omega_0}\sin\omega_0 t \, v(0) \quad \text{(Q.E.D.)} \tag{s1.27}$$

1.3 (1) 放射性物質の量を $C(t)$ で表現すると

$$C(t) - C(t + \Delta t) = \lambda \Delta C(t) \tag{s1.28}$$

比例定数を λ とする．これから，$\Delta t \to 0$ の極限をとって次式を得る．

$$\frac{d}{dt}C(t) = -\lambda C(t) \tag{s1.29}$$

(2) 物体の温度を T，周囲の環境の温度を T_0 とすれば

$$T(t) - T(t + \Delta t) = \kappa \Delta t (T(t) - T_0) \tag{s1.30}$$

比例定数を k とする．したがって，$\Delta t \to 0$ の極限をとって次式を得る．

$$\frac{d}{dt}T = -\kappa(T_0 - T(t)) \tag{s1.31}$$

(3) $t=0$ において A, B のモル数がそれぞれ a, b であったとし,反応が進んで $t=\Delta t$ で x モルの反応生成物ができたとすれば,そのときの A, B のモル数はそれぞれ $(a-x)$, $(b-x)$ だから,比例係数を k とし,$\Delta t \to 0$ の極限をとって次式を得る.

$$\frac{d}{dt}x = k(a-x)(b-x) \tag{s1.32}$$

1.3 (別解)演習問題 *1.1* で示したような化学反応形式で表現すれば (1)〜(3) の反応式および対応する微分方程式(モデル)は

(1) C を放射性物質の数密度として

$$C \to^{\lambda} 0 \tag{s1.33}$$

よって,微分方程式は

$$\frac{d}{dt}C = -\lambda C \tag{s1.34}$$

(2) T をある物体の温度とし,T_0 を環境の温度とすれば

$$T \rightleftarrows^{\kappa}_{\kappa} T_0 \quad (\text{双方向反応})$$

よって,微分方程式は

$$\frac{d}{dt}T = -\kappa T + \kappa T_0 \tag{s1.35}$$

(3) A, B, C をそれぞれある物質の濃度とし,つぎのような反応が起こっているとすれば

$$A + B \to^{k_1} C \tag{s1.36}$$

時刻 0 でのモル数: $A=a$, $B=b$, $C=0$
時刻 $t>0$ でのモル数: $A=a-x$, $B=b-x$, $C=x$
よって,微分方程式は

$$\frac{d}{dt}x = k_1(a-x)(b-x) \tag{s1.37}$$

もし,双方向反応が異なる反応速度定数で起こっているとすれば

$$A + B \rightleftarrows^{k_1}_{k_2} C \tag{s1.38}$$

対応する微分方程式はつぎのように変更される.

$$\frac{d}{dt}x = k_1(a-x)(b-x) - k_2 x \tag{s1.39}$$

2章

2.1 非斉次微分方程式の差分化による解法

単純差分化を採用すると

$$\frac{p(m+1) - p(m)}{\Delta t} = -\gamma p(m) + f_0 \tag{s2.1}$$

これを整理すると

$$p(m+1) = (1 - \gamma \Delta t) p(m) + \Delta t f_0 \tag{s2.2}$$

$$p(m+1) = (1 - \gamma \Delta t)^2 p(m-1) + [1 - (1 - \gamma \Delta t)] f_0 \Delta t \tag{s2.3}$$

階数を下げていくと次式を得る.

$$p(m+1) = (1 - \gamma \Delta t)^{m+1} p(0) + \frac{[1 - (1 - \gamma \Delta t)^{m+1}]}{1 - (1 - \gamma \Delta t)} f_0 \Delta t \tag{s2.4}$$

ここで, $m \to \infty$ として次式を得る.

$$p(t) = \exp(-\gamma t) p(0) + \frac{f_0}{\gamma} \left(1 - \exp(-\gamma t) \right) \tag{s2.5}$$

2.2 （差分化による方法）

式 (2.20) より, $x(m) = r^m$ の型の解を仮定すると

$$r^2 + [-2 + \eta \Delta t] r + [1 - \eta \Delta t + \omega_0^2 (\Delta t)^2] = 0 \tag{s2.6}$$

この2次方程式の解は

$$r_{1,2} = 1 + \left(-\frac{\eta}{2} \pm i \Omega_0 \right) \Delta t \tag{s2.7}$$

ただし

$$\Omega_0 \equiv \sqrt{\omega_0^2 - \left(\frac{\eta}{2} \right)^2} \tag{s2.8}$$

解はつぎのように書ける.

$$x(m) = C_1 r_1^m + C_2 r_2^m \tag{s2.9}$$

初期条件 $x(0)$, $x(1)$ を用いて, C_1, C_2 の未定の定数を決めるために

$$x(0) = C_1 + C_2 \quad x(1) = C_1 r_1 + C_2 r_2 \tag{s2.10}$$

を C_1, C_2 について解けばよい.

$$C_1 = \left(\frac{\eta}{4i\Omega_0} + \frac{1}{2} \right) x(0) + \frac{1}{2i\Omega_0} \frac{x(1) - x(0)}{\Delta t} \tag{s2.11}$$

$$C_2 = \left(-\frac{\eta}{4i\Omega_0} + \frac{1}{2} \right) x(0) - \frac{1}{2i\Omega_0} \frac{x(1) - x(0)}{\Delta t} \tag{s2.12}$$

よって，$\Delta t \to 0$ の極限をとると次式を得る．

$$x(t) = \exp\left(-\frac{\eta t}{2}\right)\left(\cos\Omega_0 t + \frac{\eta}{2\Omega_0}\sin\Omega_0 t\right)x(0)$$
$$+ \frac{1}{\Omega_0}\exp\left(-\frac{\eta t}{2}\right)(\sin\Omega_0 t)v(0) \tag{s2.13}$$

2.2 （別解）つぎに，行列微分方程式 (2.29) を直接，線形代数の固有値，固有ベクトルを計算して解の具体的な形を求める方法を実行してみよう．

$$\begin{pmatrix} x(t) \\ v(t) \end{pmatrix} = \exp(\boldsymbol{M}t)\begin{pmatrix} x(0) \\ v(0) \end{pmatrix} \tag{s2.14}$$

ここで，係数行列は

$$\boldsymbol{M} = \begin{pmatrix} 0 & 1 \\ -\omega_0^2 & -\eta \end{pmatrix} \tag{s2.15}$$

固有値問題は次式で表現される．

$$(\lambda \boldsymbol{E} - \boldsymbol{M})\begin{pmatrix} x \\ v \end{pmatrix} = 0 \tag{s2.16}$$

特性方程式は $|\lambda \boldsymbol{E} - \boldsymbol{M}| = 0$ となり，代数方程式の形で表現すると次式となる．

$$\lambda^2 + \eta\lambda + \omega_0^2 = 0 \tag{s2.17}$$

この根が固有値を与える．すなわち，2個の固有値は

$$\lambda_{1,2} = \frac{-\eta \pm \sqrt{\eta^2 - 4\omega_0^2}}{2} \equiv -\frac{\eta}{2} + i\Omega_0 \tag{s2.18}$$

となる．この二つの固有値が異なる値をとる場合，$(\lambda_1 \neq \lambda_2)$ のとき，固有ベクトル $\vec{X}^j$ $(j = 1, 2)$ を並べて行列をつくると

$$\boldsymbol{P} = \begin{pmatrix} 1 & 1 \\ \lambda_1 & \lambda_2 \end{pmatrix} \tag{s2.19}$$

が得られる．これの逆行列は

$$\boldsymbol{P}^{-1} = \begin{pmatrix} \lambda_2 & -1 \\ -\lambda_1 & 1 \end{pmatrix}/(\lambda_2 - \lambda_1) \tag{s2.20}$$

したがって，$\boldsymbol{E} = \boldsymbol{P}\boldsymbol{P}^{-1} = \boldsymbol{P}^{-1}\boldsymbol{P}$

$$\begin{pmatrix} x(t) \\ v(t) \end{pmatrix} = \exp(\boldsymbol{M}t)\begin{pmatrix} x(0) \\ v(0) \end{pmatrix} = \boldsymbol{P}\boldsymbol{P}^{-1}\exp(\boldsymbol{M}t)\boldsymbol{P}\boldsymbol{P}^{-1}$$
$$= \boldsymbol{P}\exp(\boldsymbol{P}^{-1}\boldsymbol{M}\boldsymbol{P}t)\boldsymbol{P}^{-1} = \boldsymbol{P}\exp(\boldsymbol{\Lambda}t)\boldsymbol{P}^{-1} \tag{s2.21}$$

すなわち，次式を得る．

$$\exp(\boldsymbol{M}t)$$

$$
= \begin{pmatrix} e^{-\eta t/2}\left(\cos\Omega_0 t + \dfrac{\eta}{2\Omega_0}\sin\Omega_0 t\right) & \dfrac{1}{\Omega_0}e^{-\eta t/2}\sin\Omega_0 t \\ -\dfrac{\omega_0^2}{\Omega_0}e^{-\eta t/2}\sin\Omega_0 t & e^{-\eta t/2}\left(\cos\Omega_0 t - \dfrac{\eta}{2\Omega_0}\sin\Omega_0 t\right) \end{pmatrix}
$$

(Q.E.D.) \hfill (s2.22)

2.3 演習問題 **1.2** で計算したのと同様に式 (2.28) で $x(m) = r^m$ の形の解を仮定すれば，つぎのような r についての 2 次方程式が得られる．

$$r^2 + (-2 + \eta\Delta t)r + \{1 - \eta\Delta t + \omega_0^2(\Delta t)^2\} = 0 \qquad (s2.23)$$

この 2 根は

$$r_1 = 1 + \left(-\dfrac{\eta}{2} + i\Omega_0\right)\Delta t, \quad r_2 = 1 + (-\eta - i\Omega_0)\Delta t$$

ここで，$\Omega_0 = \sqrt{\omega^2 - \eta^2/4}$ であり，以下では $\omega_0 > \eta/2$ の場合のみ考える．漸化式 (2.28) の解 $x(m)$ は未定の係数を C_1, C_2 としてつぎのように表される．

$$x(m) = C_1 r_1^m + C_2 r_2^m \qquad (s2.24)$$

初期値として $x(0), x(1)$ が与えられたとして未定の係数 C_1, C_2 を決定しよう．$x(0) = C_1 + C_2$, $x(1) = C_1 r_1 + C_2 r_2$ より

$$C_1 = \dfrac{r_2 x(0) - x(1)}{r_2 - r_1}, \quad C_2 = \dfrac{-r_1 x(0) + x(1)}{r_2 - r_1} \qquad (s2.25)$$

(s2.25) を (s2.24) に代入して整理すると

$$x(m) = \dfrac{(r_2 r_1^m - r_1 r_2^m)x(0) + (r_2^m - r_1^m)x(1)}{r_2 - r_1} \qquad (s2.26)$$

差分近似での微分は $(x(1) - x(0))/\Delta t$ であることに注意して，これを書き直せば

$$\begin{aligned} x(m) &= \dfrac{\{(r_2 r_1^m - r_1 r_2^m) + (r_2^m - r_1^m)\}}{r_2 - r_1} x(0) \\ &\quad + \dfrac{\Delta t(r_2^m - r_1^m)}{r_2 - r_1}(x(1) - x(0))/\Delta t \end{aligned} \qquad (s2.27)$$

となることがわかる．これは，式 (2.50) を行列要素とする離散解 (2.36) に一致する (Q.E.D.)．

3 章

3.1 解をつぎのような形に仮定する．

$$\vec{X}(t) = \exp(\lambda t)\vec{X}_0 \qquad (s3.1)$$

これを与えられた微分方程式に代入するとつぎのような固有値問題となる．

$$(\lambda \boldsymbol{E} - \boldsymbol{M})\vec{X}_0 = 0 \qquad (s3.2)$$

ここで，$\boldsymbol{E}$ は単位行列であり

$$\boldsymbol{M} = \begin{pmatrix} 0 & 1 & 0 \\ -\omega_0^2 & -\eta & 1 \\ 0 & 0 & -\gamma \end{pmatrix} \qquad (s3.3)$$

は係数行列である。式 (s3.2) が自明でない解 $\vec{X}_0 \neq 0$ をもつためには

$$\det(\lambda \boldsymbol{E} - \boldsymbol{M}) = 0 \qquad (s3.4)$$

すなわち

$$\begin{vmatrix} \lambda & -1 & 0 \\ \omega_0^2 & \lambda + \eta & -1 \\ 0 & 0 & \lambda + \gamma \end{vmatrix} = 0 \qquad (s3.5)$$

でなければならない。3×3 行列なので，いわゆる"たすき掛け"による計算が可能である。しかし，ここでは 3 列目に注目して小行列に展開する方法を採用する。

$(3,1), (3,2)$ 要素がゼロであるので，明らかに展開は

$$(\lambda + \gamma) \begin{vmatrix} \lambda & -1 \\ \omega_0^2 & \lambda + \eta \end{vmatrix} = 0 \qquad (s3.6)$$

固有値は

$$\lambda_1 = -\frac{\eta}{2} + i\Omega_0, \quad \lambda_2 = -\frac{\eta}{2} - i\Omega_0 \qquad (s3.7)$$

ただし，$\omega_0 > (\eta/2)$ の場合のみ考えることにして

$$\Omega_0 \equiv \sqrt{\omega_0^2 - \left(\frac{\eta}{2}\right)^2} \qquad (s3.8)$$

と置いた。また，3 番目の固有値は明らかに

$$\lambda_3 = -\gamma \qquad (s3.9)$$

となる。この場合，固有ベクトル $\vec{X}_0^{(j)}$ は

$$\begin{pmatrix} \lambda_j & -1 & 0 \\ \omega_0^2 & \lambda_j + \eta & -1 \\ 0 & 0 & \lambda_j + \gamma \end{pmatrix} \begin{pmatrix} x^{(j)} \\ v^{(j)} \\ f^{(j)} \end{pmatrix} = 0 \quad (j=1,2,3) \qquad (s3.10)$$

を解くことによって与えられる。これから，固有ベクトルから変換行列をつくると

$$\boldsymbol{P} = (\vec{X}_0^{(1)} \ \vec{X}_0^{(2)} \ \vec{X}_0^{(3)}) = \begin{pmatrix} 1 & 1 & 1 \\ \lambda_1 & \lambda_2 & -\gamma \\ 0 & 0 & \omega_0^2 + \gamma^2 - \eta\gamma \end{pmatrix} \qquad (s3.11)$$

が得られる．実際
$$\boldsymbol{P}^{-1}\boldsymbol{M}\boldsymbol{P} = \begin{pmatrix} \lambda_1 & 0 & 0 \\ 0 & \lambda_2 & 0 \\ 0 & 0 & -\gamma \end{pmatrix} \tag{s3.12}$$
が得られる．すなわち，与えられた微分方程式の両辺に $\boldsymbol{P}^{-1}$ を作用させると
$$\frac{d}{dt}[\boldsymbol{P}^{-1}\begin{pmatrix} x \\ v \\ f \end{pmatrix}] = \boldsymbol{P}^{-1}\boldsymbol{M}\boldsymbol{P}[\boldsymbol{P}^{-1}\begin{pmatrix} x \\ v \\ f \end{pmatrix}] \tag{s3.13}$$
$$\frac{d}{dt}[\boldsymbol{P}^{-1}\begin{pmatrix} x \\ v \\ f \end{pmatrix}] = \begin{pmatrix} \lambda_1 & 0 & 0 \\ 0 & \lambda_2 & 0 \\ 0 & 0 & -\gamma \end{pmatrix}[\boldsymbol{P}^{-1}\begin{pmatrix} x \\ v \\ f \end{pmatrix}] \tag{s3.14}$$
これは，新しい変数 $[\boldsymbol{P}^{-1}\begin{pmatrix} x \\ v \\ f \end{pmatrix}]$ に関する微分方程式とみなすと，独立である．

したがって解は
$$\boldsymbol{P}^{-1}\begin{pmatrix} x(t) \\ v(t) \\ f(t) \end{pmatrix} = \begin{pmatrix} e^{\lambda_1 t} & 0 & 0 \\ 0 & e^{\lambda_2 t} & 0 \\ 0 & 0 & e^{-\gamma t} \end{pmatrix}\boldsymbol{P}^{-1}\begin{pmatrix} x(0) \\ v(0) \\ f(0) \end{pmatrix} \tag{s3.15}$$
求めたいのは $(x(t), v(t), f(t))^T$ であるから，両辺に左から $\boldsymbol{P}$ を掛けて
$$\begin{pmatrix} x(t) \\ v(t) \\ f(t) \end{pmatrix} = \boldsymbol{P}\begin{pmatrix} e^{\lambda_1 t} & 0 & 0 \\ 0 & e^{\lambda_2 t} & 0 \\ 0 & 0 & e^{-\gamma t} \end{pmatrix}\boldsymbol{P}^{-1}\begin{pmatrix} x(0) \\ v(0) \\ f(0) \end{pmatrix} \tag{s3.16}$$
長く退屈な計算の結果 (3.17)
$$\begin{aligned} x(t) =& \exp\left(-\frac{\eta t}{2}\right)\left[\cos\Omega_0 t + \frac{\eta}{2\Omega_0}\sin\Omega_0 t\right]x(0) \\ &+ \exp\left(-\frac{\eta t}{2}\right)\left[\frac{1}{\Omega_0}\sin\Omega_0 t\right]v(0) \\ &- \frac{f_0}{\omega_0^2 + \gamma^2 - \gamma\eta}\left[\exp\left(-\frac{\eta t}{2}\right)\cos\Omega_0 t\right. \\ &\left. + \frac{\frac{\eta}{2} - \gamma}{\Omega_0}\exp\left(-\frac{\eta t}{2}\right)\sin\Omega_0 t - \exp(-\gamma t)\right] \end{aligned} \tag{s3.17}$$
を得る．

3.2 式 (3.33) に対する標準型の方程式を通して解を求めてみよう．初期条件は
$$\ddot{x}(0) + \eta\dot{x}(0) + \omega_0^2 x(0) = f(0) = f_0 \tag{s3.18}$$

に注意すれば，$\ddot{x}(0) = f_0 - \eta\dot{x}(0) - \omega_0^2 x(0)$ となり，式 (3.23) をさらに時間について微分して

$$\dddot{x}(0) + \eta\ddot{x}(0) + \omega_0^2\dot{x}(0) - \dot{f}(0) = 0 \tag{s3.19}$$

から，$\dot{f}(0) = 0$ に注意して，$\dddot{x}(0) = -\eta\ddot{x}(0) - \omega_0^2\dot{x}(0) = -\eta(f_0 - \eta\dot{x}(0) - \omega_0^2 x(0)) - \omega_0^2\dot{x}(0) = \eta\omega_0^2 x(0) + (\eta^2 - \omega_0^2)\dot{x}(0) - \eta f_0$ となる．固有値は式 (3.38) で与えられている．したがって，解は

$$x(t) = C_1 e^{\lambda_1 t} + C_2 e^{\lambda_2 t} + C_3 e^{\lambda_3 t} + C_4 e^{\lambda_4 t} \tag{s3.20}$$

のように四つの独立な解の線形和で表現される．したがって

$$\dot{x}(t) = \lambda_1 C_1 e^{\lambda_1 t} + \lambda_2 C_2 e^{\lambda_2 t} + \lambda_3 C_3 e^{\lambda_3 t} + \lambda_4 C_4 e^{\lambda_4 t} \tag{s3.21}$$

$$\ddot{x}(t) = \lambda_1^2 C_1 e^{\lambda_1 t} + \lambda_2^2 C_2 e^{\lambda_2 t} + \lambda_3^2 C_3 e^{\lambda_3 t} + \lambda_4^2 C_4 e^{\lambda_4 t} \tag{s3.22}$$

$$\dddot{x}(t) = \lambda_1^3 C_1 e^{\lambda_1 t} + \lambda_2^3 C_2 e^{\lambda_2 t} + \lambda_3^3 C_3 e^{\lambda_3 t} + \lambda_4^3 C_4 e^{\lambda_4 t} \tag{s3.23}$$

となる．したがって，4 個の未定係数 C_1 から C_4 はつぎのような線形の代数方程式を解けばよい．

$$\begin{pmatrix} 1 & 1 & 1 & 1 \\ \lambda_1 & \lambda_2 & \lambda_3 & \lambda_4 \\ \lambda_1^2 & \lambda_2^2 & \lambda_3^2 & \lambda_4^2 \\ \lambda_1^3 & \lambda_2^3 & \lambda_3^3 & \lambda_4^3 \end{pmatrix} \begin{pmatrix} C_1 \\ C_2 \\ C_3 \\ C_4 \end{pmatrix} = \begin{pmatrix} x(0) \\ \dot{x}(0) \\ f_0 - \eta\dot{x}(0) - \omega_0^2 x(0) \\ \eta\omega_0^2 x(0) + (\eta^2 - \omega_0^2)\dot{x}(0) - \eta f_0 \end{pmatrix} \tag{s3.24}$$

すなわち

$$\begin{pmatrix} C_1 \\ C_2 \\ C_3 \\ C_4 \end{pmatrix} = \begin{pmatrix} 1 & 1 & 1 & 1 \\ \lambda_1 & \lambda_2 & \lambda_3 & \lambda_4 \\ \lambda_1^2 & \lambda_2^2 & \lambda_3^2 & \lambda_4^2 \\ \lambda_1^3 & \lambda_2^3 & \lambda_3^3 & \lambda_4^3 \end{pmatrix}^{-1} \begin{pmatrix} x(0) \\ \dot{x}(0) \\ f_0 - \eta\dot{x}(0) - \omega_0^2 x(0) \\ \eta\omega_0^2 x(0) + (\eta^2 - \omega_0^2)\dot{x}(0) - \eta f_0 \end{pmatrix} \tag{s3.25}$$

これを解いて，つぎのような解を得る．

$$x(t) = e^{-\eta t/2}\left[\cos\Omega_0 t + \frac{\eta}{2\Omega_0}\sin\Omega_0 t\right] x(0)$$
$$+ e^{-\eta t/2}\left[\frac{1}{\Omega_0}\sin\Omega_0 t\right]\dot{x}(0) + A\cos\omega t + B\sin\omega t \tag{s3.26}$$

ここで

$$A = \frac{-\omega^2 + \omega_0^2}{(-\omega^2 + \omega_0^2)^2 + (\omega\eta)^2} \tag{s3.27}$$

$$B = \frac{\omega\eta}{(-\omega^2 + \omega_0^2)^2 + (\omega\eta)^2} \quad (s3.28)$$

3.3 係数行列のゼロの存在する部分をまとめるために，つぎのように表現しておくことにする。

$$\frac{d}{dt}\begin{pmatrix} x_1 \\ x_2 \\ \dot{x}_1 \\ \dot{x}_2 \end{pmatrix} = \begin{pmatrix} 0 & 0 & 1 & 0 \\ 0 & 0 & 0 & 1 \\ -2\kappa & \kappa & 0 & 0 \\ \kappa & -2\kappa & 0 & 0 \end{pmatrix} \begin{pmatrix} x_1 \\ x_2 \\ \dot{x}_1 \\ \dot{x}_2 \end{pmatrix} \quad (s3.29)$$

固有値問題はつぎのようになる。

$$(\lambda \boldsymbol{E} - \boldsymbol{M})\vec{X}_0 = 0 \quad (s3.30)$$

固有値を決める特性方程式は

$$\begin{vmatrix} -\lambda & 0 & 1 & 0 \\ 0 & -\lambda & 0 & 1 \\ -2\kappa & \kappa & -\lambda & 0 \\ \kappa & -2\kappa & 0 & -\lambda \end{vmatrix} = 0 \quad (s3.31)$$

1行目に注目して小行列展開を実行すると

$$(-\lambda)\begin{vmatrix} -\lambda & 0 & 1 \\ \kappa & -\lambda & 0 \\ -2\kappa & 0 & -\lambda \end{vmatrix} + \begin{vmatrix} 0 & -\lambda & 1 \\ -2\kappa & \kappa & 0 \\ \kappa & -2\kappa & -\lambda \end{vmatrix} = 0 \quad (s3.32)$$

同様にして行列式のランクを落とすと

$$\begin{vmatrix} -\lambda^2 - 2\kappa & \kappa \\ \kappa & -\lambda^2 - 2\kappa \end{vmatrix} = 0 \quad (s3.33)$$

よって

$$\lambda^4 + 4\kappa\lambda^2 + 3\kappa^2 = 0 \quad (s3.34)$$

解は

$$\lambda_1^2 = -\kappa \quad (s3.35)$$

$$\lambda_2^2 = -3\kappa \quad (s3.36)$$

すなわち

$$\lambda_1 = \pm i\sqrt{\kappa}, \quad \lambda_2 = \pm i\sqrt{3\kappa} \quad (s3.37)$$

式 (s3.30) より，固有ベクトルを求めて行列 $\boldsymbol{P}^{-1}$ (または $\boldsymbol{P}$) を定め

$$\vec{X}(t) = \boldsymbol{P} \begin{pmatrix} e^{i\sqrt{\kappa}t} & 0 & 0 & 0 \\ 0 & e^{-i\sqrt{\kappa}t} & 0 & 0 \\ 0 & 0 & e^{i\sqrt{3\kappa}t} & 0 \\ 0 & 0 & 0 & e^{-i\sqrt{3\kappa}t} \end{pmatrix} \boldsymbol{P}^{-1} \vec{X}(0) \tag{s3.38}$$

を計算すればよい。

4章

4.1 式 (4.4) で, (a) $\gamma_1(t) = A\exp(-\alpha t)$ と置けば

$$\int_0^t A\exp(-\alpha\tau)d\tau = \frac{A}{\alpha}(1 - \exp(-\alpha t)) \tag{s4.1}$$

に注意すると

$$p(t) = p(0)\exp\left(-\gamma_0 t - \frac{A}{\alpha}(1 - \exp(-\alpha t))\right) \tag{s4.2}$$

(b) $\gamma_1(t) = A\cos\omega t$ と置けば

$$\int_0^t A\cos\omega\tau\, d\tau = \frac{A}{\omega}\sin\omega t \tag{s4.3}$$

に注意すれば

$$p(t) = p(0)\exp\left(-\gamma_0 t - \frac{A}{\omega}\sin\omega t\right) \tag{s4.4}$$

が得られる。$p(0) = \gamma_0 = A = \omega = 1$ と置けば, (a), (b) についてそれぞれ

$$p(t) = \exp(-t - (1 - \exp(-t))) \tag{s4.5}$$

$$p(t) = \exp(-t - \sin t) \tag{s4.6}$$

となる。これを図示すると**図 s4.1**(a), (b) のようになる。(a) では完全な指数減衰ではない効果が時間の早い部分に観察できる。また, (b) では単調に減衰するのではなく, いったん 0.05 辺りに停滞してからゼロに収束するような振舞いが観察される。

4.2 式 (4.7) の解をテキストに従って, 振幅 $a(t)$ は時間的にゆっくり変化すると仮定して, $a(t)$ の時間についての 2 階微分が出てきたらこれを無視する近似を採用すれば, 式 (4.26) が得られることが確かめられた。

$$x(t) = \left(\frac{f(t)}{f(0)}\right)^{-1/4} a(0)\cos\Phi(t) \tag{s4.7}$$

ここで

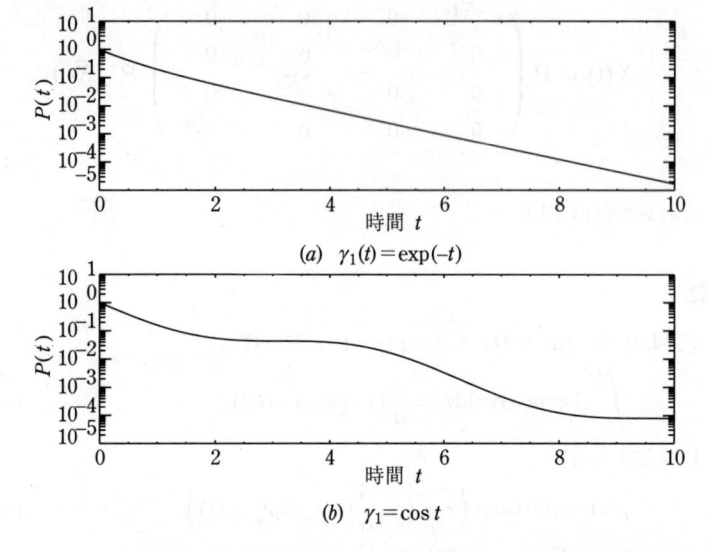

(a) $\gamma_1(t) = \exp(-t)$

(b) $\gamma_1 = \cos t$

縦軸 $p(t)$ が対数スケールになっていることに注意する

図 s4.1 $p(t)$ の時間変化

$$f(t) = \omega_0^2 + A\cos\omega t \tag{s4.8}$$

$$\Phi(t) = \int_0^t \sqrt{f(\tau)}\, d\tau \tag{s4.9}$$

である。ここでは，A が比較的小さな値をとる $A \ll \omega_0^2$ 場合を考え，位相 $\Phi(t)$ の式を近似して簡略化することを考えよう。

$$\sqrt{f(t)} = (\omega_0^2 + A\cos\omega t)^{1/2} \approx \omega_0\left[1 + \frac{A}{2\omega_0^2}\cos\omega t\right] \tag{s4.10}$$

に注意すれば

$$\Phi(t) \approx \omega_0 t + \frac{A}{2\omega\omega_0}\sin\omega t \tag{s4.11}$$

となる。このような近似の下で $\omega_0 = \omega = 1$, $a(0) = 1$ とすると

$$x(t) \approx \left(\frac{1 + A\cos t}{1 + A}\right)^{-1/4} \cos\left(t + \frac{A}{2}\sin t\right) \tag{s4.12}$$

となる。A が 0 と 0.5 の場合の波形を**図 s4.2**(a), (b) に示すが，$\epsilon(t)$ が印加されていない場合 ($A = 0$) の波形と区別がつかない。$A = 0.5$ は位相の近似としてはかなりよくないと考えられることに注意する。これらの結果は，現実のシステムでは周波数に小さな変調があり，エネルギーが保存されていなくて

も目視では容易にはわからないことを意味する。

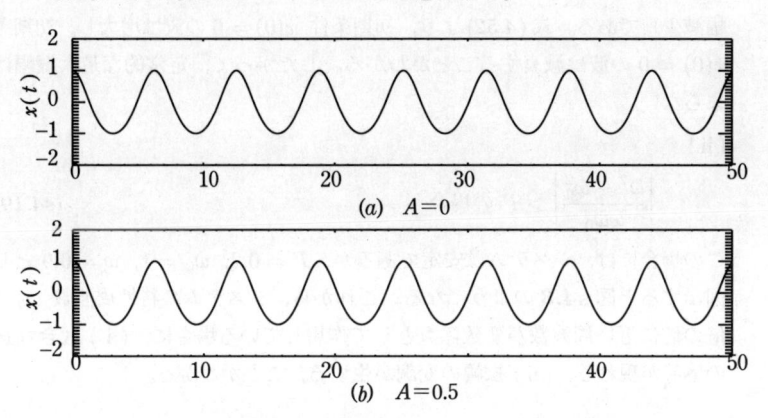

(a) $A=0$

(b) $A=0.5$

図 s4.2 $\Gamma = 0.2$, $\omega_0 = 1$, $\omega = 0.9$ の場合の振動の変調の様子

4.3 振幅が大きくなるか小さくなるかを調べるには式 (4.50) を利用することができる

$$x(T) \approx \left[\cos\frac{\omega_0}{\omega}\pi - \frac{\omega\omega_0\Gamma}{\omega^2 - \omega_0^2}\sin\frac{\omega_0}{\omega}\pi\right]x(0) + \frac{\dot{x}(0)}{\omega_0}\sin\frac{\omega_0}{\omega}\pi \tag{s4.13}$$

(i)

$$\left|\frac{\omega^2 - \omega_0^2}{\omega\omega_0}\right| < \Gamma \text{ の場合} \tag{s4.14}$$

ここで, $\omega \approx \omega_0$ の近傍では

$$\sin\frac{\omega_0}{\omega}\pi \approx \left(1 - \frac{\omega_0}{\omega}\right)\pi \tag{s4.15}$$

$$\cos\frac{\omega_0}{\omega}\pi \approx -1 \tag{s4.16}$$

となるので, 固有値は

$$\lambda = -1 \pm \sqrt{\frac{\Gamma^2}{4} - \left(1 - \frac{\omega_0}{\omega}\right)} \tag{s4.17}$$

で決まることがわかる。

特別な場合として, $\omega = \omega_0$ のときには

$$\lambda = -\left(1 \mp \frac{\pi\Gamma}{2}\right) \tag{s4.18}$$

となる.すなわち,1個は不安定であり(振幅増大),残りの1個は安定(振幅減少)である.式 (4.52) より,初期条件 $\dot{x}(0) = 0$ の波は増大し,初期条件 $x(0) = 0$ の波は減衰することがわかる.したがって,定常的な最大振幅は求まらない.

(ii)

$$\left| \frac{\omega^2 - \omega_0^2}{\omega \omega_0} \right| > \Gamma \text{ の場合} \tag{s4.19}$$

この場合には,システムは安定であるが,$\Gamma = 0.2$, $\omega_0 = 1$, $\omega = 0.9$ として図示すると図 **s4.3** のようになる.これから,システムの特性周波数 ω_0 の2倍の値に近い周波数が変数係数として作用している場合に,(i) 大きな振幅の応答が現れる,(ii) 振幅の変調が生ずる,ことがわかる.

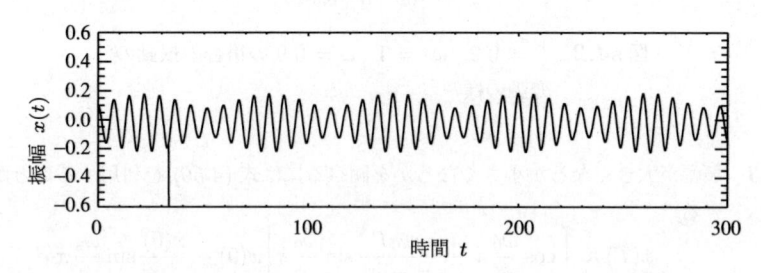

図 s4.3 $\Gamma = 0.2$, $\omega_0 = 1$, $\omega = 0.9$ の場合の振動の変調の様子

5章

5.1 (i) $f(t) = f_0 \exp(-\gamma t)$ の場合

式 (3.2) の外力の場合

$$\ddot{x} + k\dot{x} + \omega_0^2 x = f_0 \exp(-\gamma t) \tag{s5.1}$$

の両辺にラプラス変換を施せば

$$X[s] = \int_0^\infty \exp(-st) x(t) \, dt \tag{s5.2}$$

として,次式を得る.

$$(s^2 X[s] - sx(0) - \dot{x}(0)) + \eta(sX[s] - x(0)) + \omega_0^2 X[s] = \frac{f_0}{s + \gamma} \tag{s5.3}$$

$X[s]$ について整理すると

$$X[s] = \frac{s+\eta}{s^2+\eta s+\omega_0^2}x(0) + \frac{1}{s^2+\eta s+\omega_0^2}\dot{x}(0)$$
$$+ \frac{1}{(s^2+\eta s+\omega_0^2)(s+\gamma)}f_0 \tag{s5.4}$$

つぎのように部分分数に分解する。

$$\frac{1}{(s^2+\eta s+\omega_0^2)(s+\gamma)} = \frac{As+B}{s^2+\eta s+\omega_0^2} + \frac{C}{s+\gamma} \tag{s5.5a}$$

ここで

$$A = \frac{-1}{\gamma^2+\omega_0^2-\gamma\eta}, \quad B = \frac{\gamma-\eta}{\gamma^2+\omega_0^2-\gamma\eta}, \quad C = \frac{1}{\gamma^2+\omega_0^2-\gamma\eta} \tag{s5.5b}$$

式 (s5.4) を逆ラプラス変換すれば次式を得る。

$$X(t) = \frac{f_0}{\gamma^2+\omega_0^2-\gamma\eta}\left\{\exp(-\gamma t) - \exp\left(-\frac{\eta}{2}t\right)\cos\Omega_0^2 t \right.$$
$$\left. + \left(-\frac{\frac{\eta}{2}+\gamma\exp\left(-\frac{\eta}{2}t\right)}{\Omega_0}\right)\sin\Omega_0 t\right\} \tag{s5.6}$$

ただし, $\Omega_0 = \sqrt{\omega_0^2 - \eta^2/4}$。これは, 式 (3.21) に完全に一致する。

注意点は, 特解 $x_{sp}(t)$ が外力 $f(t)$ に引き込まれるとして

$$x_{sp}(t) = c_0 \exp(-\gamma t) \tag{s5.7}$$

の型の解を仮定して式 (s5.1) に代入すると

$$(\gamma^2+\omega_0^2-\gamma\eta)c_0 = f_0 \tag{s5.8}$$

となるから

$$c_0 = \frac{f_0}{\gamma^2+\omega_0^2-\gamma\eta}$$

すなわち, これは式 (s5.6) の第 1 項目に一致する。式 (s5.6) の残りの項が物理的になんの効果を表現しているのかは, 読者の考察に任せる。

(ii) $f(t) = f_0 \cos\omega t$ の場合

(a) 外力がなく ($f(t) = 0$), 散逸が存在する ($\eta \neq 0$) 場合, 式 (5.20) の行列は

$$M = \begin{pmatrix} 0 & 1 \\ -\omega_0^2 & -\eta \end{pmatrix} \tag{s5.9}$$

と置き換えることができる。したがって, 式 (5.25) はつぎのように置き換えられる。

$$\begin{pmatrix} x[s] \\ v[s] \end{pmatrix} = \begin{pmatrix} s & -1 \\ \omega_0^2 & s+\eta \end{pmatrix}^{-1} \begin{pmatrix} x(0) \\ v(0) \end{pmatrix}$$

$$= \frac{1}{s^2+\eta s+\omega_0^2} \begin{pmatrix} s+\eta & 1 \\ -\omega_0^2 & s \end{pmatrix} \begin{pmatrix} x(0) \\ v(0) \end{pmatrix} \qquad (s5.10)$$

したがって, ラプラス変換された空間での解は

$$x[s] = \frac{s+\eta}{s^2+\eta s+\omega_0^2} x(0) + \frac{1}{s^2+\eta s+\omega_0^2} v(0) \qquad (s5.11)$$

$$v[s] = -\frac{\omega_0^2}{s^2+\eta s+\omega_0^2} x(0) + \frac{s}{s^2+\eta s+\omega_0^2} v(0) \qquad (s5.12)$$

と表現される. これを逆変換すれば, 時間領域での解が求まる.

① $\omega_0 > \eta/2$ のとき

ラプラス逆変換 $\mathcal{L}^{-1}$ の公式 (各自確かめよ)

$$\mathcal{L}^{-1}\left[\frac{s}{s^2+\eta s+\omega_0^2}\right] = e^{-\eta t/2}\left(\cos\Omega_0 t - \frac{\eta}{2\Omega_0}\sin\Omega_0 t\right) \qquad (s5.13)$$

$$\mathcal{L}^{-1}\left[\frac{1}{s^2+\eta s+\omega_0^2}\right] = e^{-\eta t/2}\frac{1}{\Omega_0}\sin\Omega_0 t \qquad (s5.14)$$

に注意すれば, $\Omega_0 \equiv \sqrt{\omega_0^2-(\eta/2)^2}$, 解はつぎのようになる.

$$x(t) = e^{-\eta t/2}\left(\cos\Omega_0 t + \frac{\eta}{2\Omega_0}\sin\Omega_0 t\right)x(0) + e^{-\eta t/2}\frac{1}{\Omega_0}\sin\Omega_0 t\, v(0)$$
$$(s5.15)$$

$$v(t) = e^{-\eta t/2}\left(\cos\Omega_0 t - \frac{\eta}{2\Omega_0}\sin\Omega_0 t\right)v(0) - e^{-\eta t/2}\frac{\omega_0^2}{\Omega_0}\sin\Omega_0 t\, x(0)$$
$$(s5.16)$$

② $\omega_0 < \eta/2$ のとき

上式で $\Omega_0 \to \sqrt{(\eta/2)^2-\omega_0^2}$, $\cos \to \cosh$, $\sin \to \sinh$ と置き換えればよい.

③ $\omega_0 = \eta/2$ のとき

$$\mathcal{L}^{-1}\left[\frac{1}{s^2+\eta s+\omega_0^2}\right] = \mathcal{L}^{-1}\left[\frac{1}{\left(s+\frac{\eta}{2}\right)^2}\right] = te^{-\eta t/2} \qquad (s5.17)$$

$$\mathcal{L}^{-1}\left[\frac{s}{s^2+\eta s+\omega_0^2}\right] = \mathcal{L}^{-1}\left[\frac{1}{s+\frac{\eta}{2}} - \frac{\eta}{2}\frac{1}{\left(s+\frac{\eta}{2}\right)^2}\right]$$

$$= e^{-\eta t/2} - \frac{\eta}{2}te^{-\eta t/2} \qquad (s5.18)$$

となることに注意して，

$$x(t) = \left(1 + \frac{\eta}{2}t\right)\exp\left(-\frac{\eta}{2}t\right)x(0) + t\exp\left(-\frac{\eta}{2}t\right)v(0) \quad \text{(s5.19)}$$

$$v(t) = -\omega_0^2 t\exp\left(-\frac{\eta}{2}t\right)x(0) + \left(1 - \frac{\eta}{2}t\right)\exp\left(-\frac{\eta}{2}t\right)v(0)$$
$$\text{(s5.20)}$$

(b) 外力があり $f(t) \neq 0$ 散逸もある $\eta \neq 0$ 場合

このとき式 (s5.10) に外力が付け加わる．

$$\begin{pmatrix} \dfrac{s+\eta}{s^2+\eta s+\omega_0^2} & \dfrac{1}{s^2+\eta s+\omega_0^2} \\ \dfrac{-\omega_0^2}{s^2+\eta s+\omega_0^2} & \dfrac{s}{s^2+\eta s+\omega_0^2} \end{pmatrix} \begin{pmatrix} 0 \\ f[s] \end{pmatrix} = \begin{pmatrix} \dfrac{1}{s^2+\eta s+\omega_0^2}f[s] \\ \dfrac{s}{s^2+\eta s+\omega_0^2}f[s] \end{pmatrix}$$
$$\text{(s5.21)}$$

$f(t) = f_0 \cos\omega t$ のとき

$$f[s] = \frac{s}{s^2+\omega^2}f_0 \quad \text{(s5.22)}$$

となる．よって

$$I_x[s] = \frac{1}{s^2+\eta s+\omega_0^2}\frac{s}{s^2+\omega^2}f_0 \quad \text{(s5.23)}$$

$$I_v[s] = \frac{s}{s^2+\eta s+\omega_0^2}\frac{s}{s^2+\omega^2}f_0 \quad \text{(s5.24)}$$

が部分分数に展開できれば答が求まることになる．

外力のある場合の特解に対応するラプラス変換した空間での解 $x_p[s]$ を部分分数に分解するとき，対応する固有値は λ_1, λ_2, $i\omega$, $-i\omega$ であるから

$$x_p[s] = \frac{A'}{s-\lambda_1} + \frac{B'}{s-\lambda_2} + \frac{C'}{s-i\omega} + \frac{D'}{s+i\omega} \quad \text{(s5.25)}$$

となるように部分分数に分解し，係数 A', B', C', D' が決まると時間領域での解は

$$x_p(t) = A'e^{\lambda_1 t} + B'e^{\lambda_2 t} + C'e^{i\omega t} + D'e^{-i\omega t} \quad \text{(s5.26)}$$

となるが，固有値が複素数の場合実数の解が得られるように整理する手間がかかる．そこで，ここでは初めから実数の解が得られるように係数を決めることを考える．これを実行するために① $\omega_0 > \eta/2$ の場合には

$$\mathcal{L}^{-1}\left[\frac{s+\dfrac{\eta}{2}}{s^2+\eta s+\omega_0^2}\right] = e^{-\eta t/2}\cos\Omega_0 t \quad \text{(s5.27)}$$

$$\mathcal{L}^{-1}\left[\frac{\Omega_0}{s^2+\eta s+\omega_0^2}\right] = e^{-\eta t/2}\sin\Omega_0 t \quad \text{(s5.28)}$$

$$\mathcal{L}^{-1}\left[\frac{s}{s^2+\omega^2}\right]=\cos\omega t \tag{s5.29}$$

$$\mathcal{L}^{-1}\left[\frac{\omega}{s^2+\omega^2}\right]=\sin\omega t \tag{s5.30}$$

となっていることに注意する。すなわち，これらの四つが線形独立な実数解である。したがって，部分分数展開は

$$x_p[s]=A\frac{s+\frac{\eta}{2}}{s^2+\eta s+\omega_0^2}f_0+B\frac{\Omega_0}{s^2+\eta s+\omega_0^2}f_0+C\frac{s}{s^2+\omega^2}f_0$$
$$+D\frac{\omega}{s^2+\omega^2}f_0 \tag{s5.31}$$

のようになっていなければならない。よって，係数 A, B, C, D の従う連立方程式は

$$A+C=0 \tag{s5.32}$$

$$\frac{\eta}{2}A+\Omega_0 B+\eta C+\omega D=0 \tag{s5.33}$$

$$\omega^2 A+\omega_0^2 C+\omega\eta D=1 \tag{s5.34}$$

$$\frac{\eta}{2}\omega^2 A+\Omega_0\omega^2 B+\omega\omega_0^2 D=0 \tag{s5.35}$$

これを行列で表現すると

$$\begin{pmatrix} 1 & 0 & 1 & 0 \\ \frac{\eta}{2} & \Omega_0 & \eta & \omega \\ \omega^2 & 0 & \omega_0^2 & \omega\eta \\ \frac{\eta}{2}\omega^2 & \Omega_0\omega^2 & 0 & \omega\omega_0^2 \end{pmatrix}\begin{pmatrix} A \\ B \\ C \\ D \end{pmatrix}=\begin{pmatrix} 0 \\ 0 \\ 1 \\ 0 \end{pmatrix} \tag{s5.36}$$

これを解けば係数はつぎのように求まる。

$$\begin{pmatrix} A \\ B \\ C \\ D \end{pmatrix}=\begin{pmatrix} \dfrac{\omega^2-\omega_0^2}{(-\omega^2+\omega_0^2)^2+\eta^2\omega^2} \\ \dfrac{-\dfrac{\eta}{2}[\omega^2+\omega_0^2]}{\Omega_0[(-\omega^2+\omega_0^2)^2+\eta^2\omega^2]} \\ \dfrac{-\omega^2+\omega_0^2}{(-\omega^2+\omega_0^2)^2+\eta^2\omega^2} \\ \dfrac{\omega\eta}{(-\omega^2+\omega_0^2)^2+\eta^2\omega^2} \end{pmatrix} \tag{s5.37}$$

同様にして，$v_p[s]$ をつぎのように部分分数に分解することにすれば

$$v_p[s]=A_v\frac{s+\frac{\eta}{2}}{s^2+\eta s+\omega_0^2}f_0+B_v\frac{\Omega_0}{s^2+\eta s+\omega_0^2}f_0+C_v\frac{s}{s^2+\omega^2}f_0$$
$$+D_v\frac{\omega}{s^2+\omega^2}f_0 \tag{s5.38}$$

係数はつぎの行列を解けばよいことになる。

$$\begin{pmatrix} 1 & 0 & 1 & 0 \\ \frac{\eta}{2} & \Omega_0 & \eta & \omega \\ \omega^2 & 0 & \omega_0^2 & \omega\eta \\ \frac{\eta}{2}\omega^2 & \Omega_0\omega^2 & 0 & \omega\omega_0^2 \end{pmatrix} \begin{pmatrix} A_v \\ B_v \\ C_v \\ D_v \end{pmatrix} = \begin{pmatrix} 0 \\ 1 \\ 0 \\ 0 \end{pmatrix} \quad (\text{s}5.39)$$

(s5.36) との違いは右辺が $\begin{pmatrix} 0 \\ 0 \\ 1 \\ 0 \end{pmatrix}$ から $\begin{pmatrix} 0 \\ 1 \\ 0 \\ 0 \end{pmatrix}$ に変わっただけである。よって解は

$$\begin{pmatrix} A_v \\ B_v \\ C_v \\ D_v \end{pmatrix} = \begin{pmatrix} -\dfrac{\omega^2\eta}{(-\omega^2+\omega_0^2)^2+\eta^2\omega^2} \\ \dfrac{2\omega_0^4 - 2\omega^2\omega_0^2 + \omega^2\eta^2}{2\Omega_0[(-\omega^2+\omega_0^2)^2+\eta^2\omega^2]} \\ \dfrac{\omega^2\eta}{(-\omega^2+\omega_0^2)^2+\eta^2\omega^2} \\ \dfrac{\omega(\omega^2-\omega_0^2)}{(-\omega^2+\omega_0^2)^2+\eta^2\omega^2} \end{pmatrix} \quad (\text{s}5.40)$$

5.2 本文 5.2 節式 (5.42) を 3 次元に拡張したものは

$$D\nabla^2 u - \mu u + s_0\delta(\vec{r}) = 0 \quad (\text{s}5.41)$$

と表現することができる。いま，このラプラシアン $\nabla^2 = \partial^2/\partial x^2 + \partial^2/\partial y^2 + \partial^2/\partial z^2$ を極座標で表現すると，角度依存性がない場合

$$\nabla^2 = \frac{d^2}{dr^2} + \frac{2}{r}\frac{d}{dr} \quad (\text{s}5.42)$$

と表現できる。また，$\delta(\vec{r}) = \delta(x)\delta(y)\delta(z)$ は $\delta(r)/(4\pi r^2)$ としてよい。

$$c^2 \equiv \frac{\mu}{D}, \quad s_1 \equiv \frac{s_0}{D} \quad (\text{s}5.43)$$

と置けば

$$\frac{1}{r}\frac{d^2}{dr^2}(ru(r)) - c^2 u(r) + \frac{s_1}{4\pi r^2}\delta(r) = 0 \quad (\text{s}5.44)$$

両辺に r を掛け，$w(r) = ru(r)$ に関する方程式とみると源の項 $1/(4\pi r)$ を除いて 1 次元の方程式と変わらない。これは原点から外向きに物質や粒子が流れ出る様子を表現しているわけであるから，フーリエ・サイン変換を採用すればよい。すなわち，$\sin kr$ をかけて 0 から ∞ まで積分すると

$$-(k^2+c^2)W(k) + \frac{s_1 k}{4\pi}\int_0^\infty dr\, \frac{\sin kr}{kr}\delta(r) \quad (\text{s}5.45)$$

$$\lim_{r\to 0}\frac{\sin kr}{kr} = 1 \quad (\text{s}5.46)$$

に注意すると

$$W(k) = \int_0^\infty dr (ru(r)) \sin kr = \frac{s_1}{4\pi} \frac{k}{k^2+c^2} \tag{s5.47}$$

が得られる。このフーリエ逆変換は

$$ru(r) = \frac{2}{\pi} \int_0^\infty dr \frac{s_1 k}{4\pi(k^2+c^2)} \sin kr = \frac{2}{\pi} \times \frac{s_1}{4\pi} \times \frac{\pi}{2} e^{-cr} \tag{s5.48}$$

であることに注意すると、解は

$$u(r) = \frac{s_1}{4\pi r} \exp(-cr) \tag{s5.49}$$

5.2 (別解1) 直交座標系での3次元の場合のフーリエ変換は

$$U(k_x, k_y, k_z) = \int_{-\infty}^\infty dx e^{ik_x x} \int_{-\infty}^\infty dy e^{ik_y y} \int_{-\infty}^\infty dz e^{ik_z z} y(x,y,z) \tag{s5.50}$$

で定義される。これを与式に代入すると、

$$-[D(k_x^2+k_y^2+k_z^2)+\mu]U(k_x,k_y,k_z) + s_0 = 0 \tag{s5.51}$$

が得られる。よって

$$U(k_x,k_y,k_z) = \frac{s_0}{D(k_x^2+k_y^2+k_z^2)+\mu} = \frac{s_1}{k^2+c^2} \tag{s5.52}$$

ここで、$s_1 = s_0/D$ および $c^2 = \mu/D$, $k^2 = k_x^2+k_y^2+k_z^2$ と置いた。これをフーリエ逆変換すれば、実空間での解が求まる。

$$y(x,y,z) = \frac{1}{(2\pi)^3} \int_{-\infty}^\infty dk_x e^{-ik_x x} \int_{-\infty}^\infty dk_y e^{-ik_y y}$$

$$\times \int_{-\infty}^\infty dk_z e^{-ik_z z} \frac{s_1}{k^2+c^2} \tag{s5.53}$$

この3重積分を実行するのは初心者には荷が重い。そこで、変数変換を実行して簡単な積分に帰着することを考える。座標軸 k_x, k_y, k_z の k_z 軸からの方向ベクトルを θ_k とすると

$$\vec{k} \cdot \vec{r} = kr \cos\theta_k \tag{s5.54}$$

$$k = \sqrt{k_x^2+k_y^2+k_z^2} \tag{s5.55}$$

に注意して積分は

$$u(r) = \frac{1}{(2\pi)^3} \int_0^\infty k^2\, dk \int_0^\pi d\theta_k \sin\theta_k$$

$$\times \int_0^{2\pi} d\varphi_k \exp(-ikr\cos\theta_k) \frac{s_1}{k^2+c^2} \tag{s5.56}$$

非積分関数に φ_k はないので、$\int_0^{2\pi} d\varphi_k = 2\pi$, また θ_k についての積分

$$\int_0^\pi d\theta_k \sin\theta_k \exp(-ikr\cos\theta_k) \tag{s5.57}$$

は $t = \cos\theta_k$ と変数変換して実行できて

$$= -\int_1^{-1} dt \, \exp(-ikrt) = 2\frac{\sin kr}{kr} \tag{s5.58}$$

となる。よって

$$u(r) = \frac{s_1}{(2\pi)^3} \times 2\pi \times \frac{2}{r}\int_0^\infty dk \, \frac{k\sin kr}{k^2+c^2} \tag{s5.59}$$

ここで，積分公式

$$\int_0^\infty dk \, \frac{k\sin kr}{k^2+c^2} = \frac{\pi}{2}e^{-cr} \tag{s5.60}$$

を使えば，最終的に次式のような解が得られる。

$$u(r) = \frac{s_0}{4\pi rD}\exp(-cr) \quad \text{(Q.E.D.)} \tag{s5.61}$$

5.2 （別解2）フーリエ変換を用いないで解を求める場合には，初期条件や境界条件について考慮することが必要である。この例のような空間拡散の定常問題の場合には，つぎのようになる。すなわち，1次元の問題では原点 $x=0$ に源があって

$$D\frac{d^2}{dx^2}y(x) - \mu y(x) + s_0\delta(x) = 0 \tag{s5.62}$$

となっており，源のない場所 $x \neq 0$ では

$$D\frac{d^2}{dx^2}y(x) - \mu y(x) = 0 \tag{s5.63}$$

が成立しているから，この方程式の固有値は

$$\lambda = \pm c = \pm\sqrt{\frac{\mu}{D}} \tag{s5.64}$$

であり，解は A, B を未定係数として

$$y(x) = Ae^{-cx} + Be^{cx} \tag{s5.65}$$

のように表現することができる。$x \to \infty$ では $y(x)$ は無限大にはならないので係数 $B=0$ である。また，このときの流れは

$$J(x) = -D\frac{d}{dx}y = cDAe^{-cx} \tag{s5.66}$$

であり，$x \to \pm 0$ のとき $J(x) = s_0/2$ となっていなければならない。よって，係数 A を決める方程式が得られる。

$$cDA = \frac{s_0}{2} \tag{s5.67}$$

これから，解は次式で与えられる。

$$y(x) = \frac{s_0}{2cD}e^{-c|x|} \tag{s5.68}$$

3次元の場合には

$$D\frac{d^2}{dr^2}ru(r) - \mu ru(r) + \frac{s_0}{4\pi r}\delta(r) = 0 \tag{s5.69}$$

となっていたことに注意する．この場合も源のないところ $r \neq 0$ では

$$D\frac{d^2}{dr^2}ru(r) - \mu ru(r) = 0 \tag{s5.70}$$

となっており解は，1次元の場合と同様に

$$ru(r) = Ae^{-cr} + Be^{cr} \tag{s5.71}$$

であるが，$r \to \infty$ で $ru(r)$ が発散しないために $B = 0$ となる．すなわち

$$u(r) = A\frac{e^{-cr}}{r} \tag{s5.72}$$

となる．この場合の流れ

$$J = -D\frac{d}{dr}u = DAe^{-cr}\frac{cr+1}{r^2} \tag{s5.73}$$

は，原点から球面状に広がっていくので

$$\lim_{r \to 0} 4\pi r^2 J = 4\pi DA = s_0 \tag{s5.74}$$

となっていなければならない．したがって，これから係数 A が決まり，解はつぎのようになる．

$$u(r) = \frac{s_0}{4\pi Dr}e^{-cr} \tag{s5.75}$$

5.3 式 (5.49) は $n \neq 0$ のとき $\delta_{n,0} = 0$ だから

$$(s+\lambda)p[n,s] = \lambda p[n-1,s] \tag{s5.76}$$

したがって

$$p[n,s] = \frac{\lambda}{s+\lambda}p[n-1,s] \tag{s5.77}$$

が得られる．これを逐次計算し，次数 n を下げていけば

$$p[n,s] = \left(\frac{\lambda}{s+\lambda}\right)^n p[0,s] \tag{s5.78}$$

が得られる．ここで，$n = 0$ に対する微分方程式が

$$\frac{d}{dt}p(0,t) = -\lambda p(0,t) \tag{s5.79}$$

であることに注意すると

$$p[0,s] = \frac{1}{s+\lambda} \tag{s5.80}$$

したがって
$$p[n,s] = \frac{\lambda^n}{(s+\lambda)^{n+1}} \tag{s5.81}$$
ラプラス変換に関する積分公式 (付録 C 参照)
$$\int_0^\infty dt\, t^n e^{-\lambda t} = \frac{n!}{(s+\lambda)^{n+1}} \tag{s5.82}$$
に注意すると，パラメータ λt のポアソン分布得る．
$$p(n,t) = \frac{(\lambda t)^n}{n!} e^{-\lambda t} \tag{s5.83}$$

5.4 式 (5.55) にラプラス変換 $\mathcal{L}[x(t)] = x[s]$ を施すと
$$sx[s] - x(0) = K[s]x[s] + f[s] \tag{s5.84}$$
が得られる．よって
$$x[s] = \frac{1}{s - K[s]} x(0) + \frac{1}{s - K[s]} f[s] \tag{s5.85}$$
問題は
$$\mathcal{L}\left[\int_0^t K(t-\tau)x(\tau)\,d\tau\right] = K[s]x[s] \tag{s5.86}$$
が証明できればよい．この積分は**図 s5.1** の三角領域の積分の和で書ける．
$$I = I_0 + I_1 + I_2 \tag{s5.87}$$
ここで

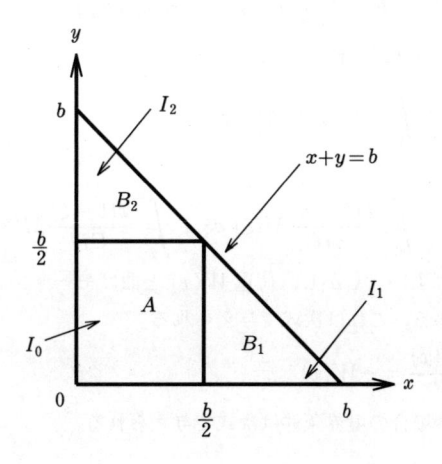

図 **s5.1**　2 次元積分の際の領域分け

$$I_0 = \iint_A = \lim_{b\to\infty} \int_0^b dt\, e^{-st} \int_0^t d\tau\, K(t-\tau)g(\tau) \tag{s5.88}$$

$t = x+y$, $\tau = y$ と変数変換すれば

$$\begin{aligned} I_0 &= \lim_{b\to\infty} \iint e^{-s(x+y)} K(x)g(y)dxdy \\ &= \lim_{b\to\infty} \int_0^{b/2} e^{-sx} K(x)dx \int_0^{b/2} e^{-sy} g(y)dy \\ &= K[s]g[s] \end{aligned} \tag{s5.89}$$

また

$$I_1 = \iint_{B_1} = \int_{b/2}^b dx \int_0^{b-x} dy\, K(x)g(y) \to 0 \tag{s5.90}$$

そして

$$I_2 = \iint_{B_2} = \int_0^{b-y} dx \int_{b/2}^b dy\, K(x)g(y) \to 0 \tag{s5.91}$$

よって，式 (s5.86) が成立することが証明された。

6章

6.1 梁のたわみに対するグリーン関数は糸の変位の問題で $T \to EI$, $f(x) \to M(x)$ と置き換えたものと同じだから

$$G(x|\xi) = \frac{1}{EI\ell} \begin{cases} x(\ell - \xi) & (0 \leq x \leq \xi) \\ \xi(\ell - x) & (\xi \leq x \leq \ell) \end{cases} \tag{s6.1}$$

となる。変位は次式を使って求められる。

$$y(x) = \int_0^\ell G(x|\xi) M(\xi)\, d\xi \tag{s6.2}$$

すなわち

$$y(x) = \int_0^x \frac{\xi(\ell-x)}{EI\ell} M(\xi)\, d\xi + \int_x^\ell \frac{x(\ell-\xi)}{EI\ell} M(\xi)\, d\xi \tag{s6.3}$$

を計算すればよい。しかし，荷重 $W(x)$ と曲げモーメント $M(x)$ の関係を求める必要がある。これは次式で与えられる。

$$\frac{d^2 M(x)}{dx^2} = -W(x) \tag{s6.4}$$

両端支持の場合の境界条件は次式で与えられる。

$$M(0) = M(\ell) = 0 \tag{s6.5}$$

点 $x = \xi$ に働く集中荷重 $W(x) = W_0 \delta(x - \xi)$ による曲げモーメントは

$$M_c(x) = \frac{W_0}{\ell} \begin{cases} x(\ell - \xi) & (0 \leq x \leq \xi) \\ \xi(\ell - x) & (\xi \leq x \leq \ell) \end{cases} \quad (s6.6)$$

したがって，変位はつぎの式で求められる．

(i) $0 \leq x \leq \xi$ のとき

$$y(x) = \frac{W_0}{EI} \left[\int_0^x \frac{(\ell - x)\eta}{\ell} \frac{(\ell - \xi)\eta}{\ell} d\eta + \int_x^\xi \frac{x(\ell - \eta)}{\ell} \frac{(\ell - \xi)\eta}{\ell} d\eta \right.$$
$$\left. + \int_\xi^\ell \frac{x(\ell - \eta)\eta}{\ell} \frac{\xi(\ell - \eta)}{\ell} d\eta \right] \quad (s6.7)$$

(ii) $\xi \leq x \leq \ell$ のとき

$$y(x) = \frac{W_0}{EI} \left[\int_0^\xi \frac{(\ell - x)\eta}{\ell} \frac{(\ell - \xi)\eta}{\ell} d\eta + \int_\xi^x \frac{(\ell - x)\eta}{\ell} \frac{\xi(\ell - \eta)}{\ell} d\eta \right.$$
$$\left. + \int_x^\ell \frac{x(\ell - \eta)}{\ell} \frac{\xi(\ell - \eta)}{\ell} d\eta \right] \quad (s6.8)$$

よって，任意の点 $x = \xi$ の集中荷重による撓みは次式で求まる．

$$y_c(x|\xi) = \frac{W_0}{6EI\ell} \begin{cases} x(\ell - \xi)(2\ell\xi - \xi^2 - x^2) & (0 \leq x \leq \xi \leq \ell) \\ \xi(\ell - x)(2\ell x - x^2 - \xi^2) & (0 \leq \xi \leq x \leq \ell) \end{cases}$$
$$(s6.9)$$

荷重が梁の中心 $\xi = \ell/2$ の場合には，これを式 (s6.9) に代入して

$$y_c\left(x \left| \frac{\ell}{2}\right.\right) = \frac{W_0}{12EI} \begin{cases} x\left(\frac{3}{4}\ell^2 - x^2\right) & \left(0 \leq x \leq \frac{\ell}{2}\right) \\ (\ell - x)\left(2\ell x - x^2 - \frac{\ell^2}{4}\right) & \left(\frac{\ell}{2} \leq x \leq \ell\right) \end{cases}$$
$$(s6.10)$$

さらに，$x = \ell/2$ と置けば，集中荷重を受けた点の変位がつぎのように求まる．

$$y_c\left(\frac{\ell}{2} \left| \frac{\ell}{2}\right.\right) = \frac{W_0 \ell^3}{48EI} \quad (s6.11)$$

図 **s6.1** には荷重が梁の中心にかかっている場合の曲げモーメント $M(x)$ と変位 $y(x)$ の様子を示してある．

一般の分布荷重 $W(x)$ の場合の曲げモーメントの分布は

$$M(x) = \int_0^x (\ell - x)\frac{\eta}{\ell} W(\eta) \, d\eta + \int_x^\ell (\ell - \eta)\frac{x}{\ell} W(\eta) \, d\eta$$
$$(s6.12)$$

と表現することができる．これを式 (s6.3) に代入して計算すれば変位が求まる．あるいは，式 (s6.9) の $y_c(x|\xi)$ を用いて次式で計算してもよい．

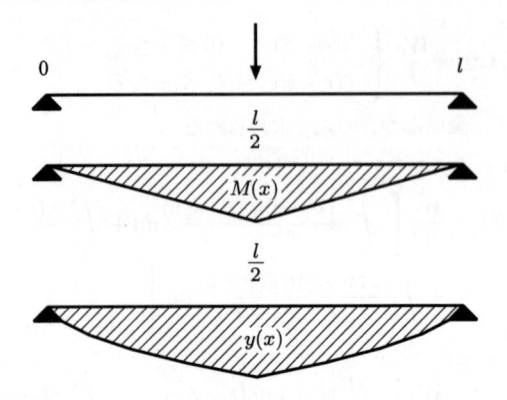

図 s6.1 両端支持で梁の中央に集中荷重の場合の曲げモーメントと変位の空間変化の様子

$$y(x) = \int_0^\ell y_c(x|\xi) W(\xi)\, d\xi \tag{s6.13}$$

6.2 梁曲げの問題の解を前問では2段に分割して解いた。すなわち、変位 $y(x)$ と曲げモーメント $M(x)$ の方程式

$$EI\frac{d^2 y(x)}{dx^2} = -M(x) \tag{s6.14}$$

および曲げモーメントと荷重 $W(x)$ の方程式

$$\frac{d^2 M(x)}{dx^2} = -W(x) \tag{s6.15}$$

に帰着させて解いた。これはつぎの4階微分の問題として表現することもできる。

$$EI\frac{d^4 y(x)}{dx^4} = W(x) \tag{s6.16}$$

ここでは境界条件を $x=0$ で固定, $x=\ell$ で自由であるとする。

$$y(0) = y'(0) = y''(\ell) = y'''(\ell) = 0 \tag{s6.17}$$

式 (s6.16) に対するグリーン関数を $G(x|\xi)$ とすると

$$EI\frac{d^4}{dx^4} G(x|\xi) = \delta(x-\xi) \tag{s6.18}$$

$x \neq \xi$ では次式が成立している。

$$\frac{d^4}{dx^4} G(x|\xi) = 0 \tag{s6.19}$$

(i) $0 < x < \xi$ では解は一般に

$$G(x|\xi) = a_3 x^3 + a_2 x^2 + a_1 x + a_0 \tag{s6.20}$$

となり，境界条件を満たすようにするには

$$G(0|\xi) = a_0 = 0 \tag{s6.21}$$

$$G'(0|\xi) = 3a_3 x^2 + 2a_2 x + a_1|_{x=0} = a_1 = 0 \tag{s6.22}$$

すなわちつぎ次のような関数になる。

$$G(x|\xi) = a_3 x^3 + a_2 x^2 \tag{s6.23}$$

(ii) $\xi < x < \ell$ の場合も同様にしてつぎのような関数になる。

$$G(x|\xi) = a'_1 x + a'_0 \tag{s6.24}$$

さて，式 (s6.18) を $x = \xi$ の近傍で積分すると

$$EI\left(\frac{d^3}{dx^3}G(x|\xi)|_{x=\xi+} - \frac{d^3}{dx^3}G(x|\xi)|_{x=\xi-}\right) = -1 \tag{s6.25}$$

これから，次式が得られる。

$$a_3 = \frac{1}{6EI} \tag{s6.26}$$

$$EI\left(\frac{d^2}{dx^2}G(x|\xi)|_{x=\xi+} - \frac{d^2}{dx^2}G(x|\xi)|_{x=\xi-}\right) = 0 \tag{s6.27}$$

これから，次式が得られる。

$$-(6a_3\xi + 2a_2) = 0 \tag{s6.28}$$

すなわち

$$a_2 = -3a_3\xi \tag{s6.29}$$

これから，$0 < x < \xi$ ではグリーン関数は

$$G(x|\xi) = \frac{1}{6EI}(x^3 - 3\xi x^2) \tag{s6.30}$$

$\xi < x < \ell$ でも同様の手続きでグリーン関数が求められるが，相反定理 $[G(x|\xi) = G(\xi|x)]$ を用いることにより簡単に全領域での解が求まる。

$$G(x|\xi) = \frac{1}{6EI}\begin{cases} (x^3 - 3\xi x^2) & (0 \leq x \leq \xi) \\ (\xi^3 - 3x\xi^2) & (\xi \leq \xi \leq \ell) \end{cases} \tag{s6.31}$$

したがって，変位は一般に次式で表現される（**図 s6.2** 参照）。

$$y(x) = \int_0^\ell G(x|\xi)W(\xi)d\xi \tag{s6.32}$$

$\xi = \ell$ に荷重が集中している場合 $W(\xi) = W_0\delta(\xi - \ell)$ には

$$y(x) = \int_x^\ell \frac{x^3 - 3\xi x^2}{6EI} W_0 \delta(\xi - \ell) \, d\xi = \frac{x^3 - 3\ell x^2}{6EI} W_0 \quad \text{(Q.E.D.)}$$

(s6.33)

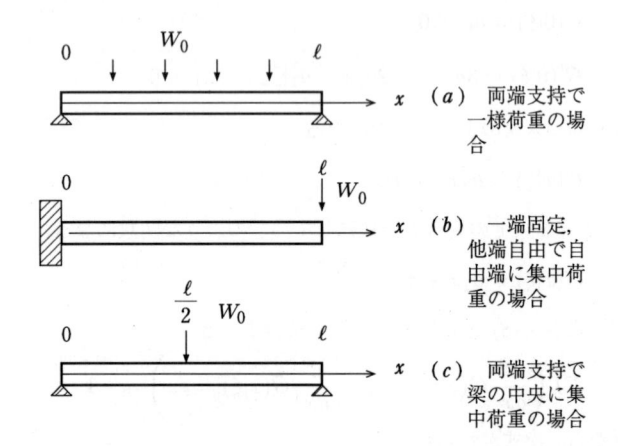

図 s**6.2**

(a) 両端支持で一様荷重の場合

(b) 一端固定，他端自由で自由端に集中荷重の場合

(c) 両端支持で梁の中央に集中荷重の場合

6.3 上記の二つの解答例ではグリーン関数を利用して解を求めた．ここでは直接法によって解を求めてみよう．

(**6.1** 別解-直接法)

中心 $x = \ell/2$ に荷重が集中している両端 $(x = 0, \; x = \ell)$ 支持の梁を考えよう．この場合には荷重の作用が

$$\frac{d^2y}{dx^2} = \begin{cases} -\dfrac{W_0}{EI}\dfrac{1}{2}x & \left(0 \leq x \leq \dfrac{\ell}{2}\right) & \text{(s6.34a)} \\ -\dfrac{W_0}{EI}\dfrac{1}{2}(\ell - x) & \left(\dfrac{\ell}{2} \leq x \leq \ell\right) & \text{(s6.34b)} \end{cases}$$

となっていることに注意しよう．これらを積分すると

$$\frac{dy}{dx} = \begin{cases} -\dfrac{W_0}{EI}\left[\dfrac{1}{4}x^2 + c_1\right] & \left(0 \leq x \leq \dfrac{\ell}{2}\right) & \text{(s6.35a)} \\ -\dfrac{W_0}{EI}\left[\dfrac{1}{2}\left(\ell x - \dfrac{x^2}{2}\right) + c_2\right] & \left(\dfrac{\ell}{2} \leq x \leq \ell\right) & \text{(s6.35b)} \end{cases}$$

$$y(x) = \begin{cases} -\dfrac{W_0}{EI}\left[\dfrac{1}{12}x^3 + c_1 x + c_3\right] & \left(0 \leq x \leq \dfrac{\ell}{2}\right) & \text{(s6.36a)} \\ -\dfrac{W_0}{EI}\left[\dfrac{1}{2}\left(\ell\dfrac{x^2}{2} - \dfrac{x^3}{6}\right) + c_2 x + c_4\right] & \left(\dfrac{\ell}{2} \leq x \leq \ell\right) & \text{(s6.36b)} \end{cases}$$

したがって，$x = \ell/2$ で $y(x)$ および $y'(x)$ の解が連続につながるようになっているようにすることにより

$$y(0) = 0 \quad \text{より} \quad c_3 = 0 \tag{s6.37}$$

$$y(\ell) = 0 \quad \text{より} \quad \ell c_2 + c_4 = -\frac{1}{6}\ell^3 \tag{s6.38}$$

$y'(\ell/2)$ での連続条件より

$$c_1 - c_2 = \frac{\ell^2}{8} \tag{s6.39}$$

$y(\ell/2)$ での連続条件より

$$\frac{\ell}{2}c_1 - \frac{\ell}{2}c_2 - c_4 = \frac{1}{24}\ell^3 \tag{s6.40}$$

これらを解いて係数 c_1, c_2, c_3, c_4 がつぎのように決定される．

$$\begin{pmatrix} c_1 \\ c_2 \\ c_3 \\ c_4 \end{pmatrix} = \begin{pmatrix} -\dfrac{1}{16}\ell^2 \\ -\dfrac{3}{16}\ell^2 \\ 0 \\ -\dfrac{1}{48}\ell^3 \end{pmatrix} \tag{s6.41}$$

これらを式 (s6.36) に代入すれば，式 (s6.10) と同じ式を得る．よって，変位 $y(\ell/2)$ は式 (s6.11) で与えられることが確かめられた．

糸（弦）の変位の場合と異なり，$y'(x)$ は荷重点で不連続にはならないことに注意する．

(**6.2** 別解-直接法)

一端固定 $x = 0$，一端自由 $x = \ell$ の梁の $x = \ell$ に重さ W_0 の荷重が作用している場合を考えよう．

$$\frac{d^2y}{dx^2} = -\frac{W_0}{EI}(\ell - x) \tag{s6.42}$$

これを積分して

$$y'(x) = \frac{dy}{dx} = c_1 - \frac{W_0}{EI}\ell x + \frac{1}{2}\frac{W_0}{EI}x^2 \tag{s6.43}$$

ここで，c_1 は積分定数

$$y'(0) = 0 = c_1 \tag{s6.44}$$

さらに積分して

$$y(x) = -\frac{W_0}{2EI}\ell x^2 + \frac{1}{6}\frac{W_0}{EI}x^3 + c_2 \tag{s6.45}$$

$$y(0) = 0 = c_2 \tag{s6.46}$$

ゆえに
$$y(x) = -\frac{1}{2}\frac{W_0}{EI}\ell x^2 + \frac{1}{6}\frac{W_0}{EI}x^3 \tag{s6.47}$$
となる．これは，3次関数となっている．$x = \ell$ における変位は
$$y(\ell) = -\frac{1}{2}\frac{W_0}{EI}\ell^3 + \frac{1}{6}\frac{W_0}{EI}\ell^3 = -\frac{W_0}{3EI}\ell^3 \tag{s6.48}$$
このように直接法のほうがはるかに簡単であるようにみえる．しかし，グリーン関数法の利点は，(ⅰ) 物理的な意味が明快になる，(ⅱ) 荷重分布が複雑な場合にはグリーン関数法以外で解を求めるのがきわめて難しい，ことなどが挙げられる．

(**6.2** 別解-ラプラス変換法)

ラプラス変換による方法はどの程度一般的に使えるのかを検討するには梁曲げの境界値問題に使ってみると感触がつかめる．
$$EI\frac{d^4u}{dx^4} = f(x) \tag{s6.49}$$
これをラプラス変換すれば
$$U[p] = \frac{1}{EI}\frac{F[p]}{p^4} + \frac{u(0)}{p} + \frac{u'(0)}{p^2} + \frac{u''(0)}{p^3} + \frac{u'''(0)}{p^4} \tag{s6.50}$$
となる．ただし，空間変数に関するラプラス逆変換だから，時間についてのラプラス変換の積分変数 s を p に変えておく．
$$U[p] = \int_0^\infty dx\ \exp(-px)u(x) \tag{s6.51}$$
式 (s6.50) をラプラス逆変換すると
$$\begin{aligned}u(x) = \frac{1}{EI}\int_0^x \frac{1}{3!}f(\xi)(x-\xi)^3\,d\xi + u(0) + u'(0)x \\ + \frac{1}{2!}u''(0)x^2 + \frac{1}{3!}u'''(0)x^3\end{aligned} \tag{s6.52}$$
が得られる．ここで，両端の境界条件及び荷重の状態を指定することによって，未定の係数を決めることを考えよう．

(a) 両端固定，等分布荷重の場合
$$u(0) = u'(0) = u(\ell) = u'(\ell) = 0 \tag{s6.53}$$
$$f(x) = W_0 \tag{s6.54}$$
これのラプラス変換が
$$F[p] = \frac{W_0}{p} \tag{s6.55}$$
であることを考慮すれば

$$U[s] = \frac{1}{EI}\frac{W_0}{p^5} + \frac{u''(0)}{p^3} + \frac{u'''(0)}{p^4} \qquad (s6.56)$$

これを逆変換すれば次式が得られる。

$$u(x) = \frac{W_0}{EI}\frac{x^4}{4!} + \frac{u''(0)x^2}{2!} + \frac{u'''(0)x^3}{3!} \qquad (s6.57)$$

これを微分して

$$u'(x) = \frac{W_0}{EI}\frac{x^3}{3!} + u''(0)x + \frac{u'''(0)x^2}{2!} \qquad (s6.58)$$

これらに $x = \ell$ での境界条件を代入すると

$$u(\ell) = \frac{W_0}{EI}\frac{\ell^4}{4!} + \frac{u''(0)\ell^2}{2!} + \frac{u'''(0)\ell^3}{3!} = 0 \qquad (s6.59)$$

$$u'(\ell) = \frac{W_0}{EI}\frac{\ell^3}{3!} + u''(0)\ell + \frac{u'''(0)\ell^2}{2!} = 0 \qquad (s6.60)$$

式 (s6.59)〜(s6.60) から未定係数を求めると

$$u'''(0) = -\frac{1}{2}\frac{W_0\ell}{EI}, \quad u''(0) = \frac{1}{12}\frac{W_0\ell^2}{EI} \qquad (s6.61)$$

が得られることになる。よって

$$u(x) = \frac{1}{24}\frac{W_0}{EI}x^2(\ell - x)^2 \qquad (s6.62)$$

(b) **片持梁，集中荷重**

このときの境界条件は

$$u''(\ell) = u'''(\ell) = 0 \qquad (s6.63)$$

$$u(0) = u'(0) = 0 \qquad (s6.64)$$

また，集中荷重のとき

$$f(x) = W_0\delta(x - \ell) \qquad (s6.65)$$

これをラプラス変換すると

$$F[p] = W_0\exp(-\ell p) \qquad (s6.66)$$

したがって，変位 u をラプラス変換した結果は

$$U[p] = \frac{W_0}{EI}\frac{1}{p^4}e^{-\ell p} + \frac{u(0)''}{p^3} + \frac{u(0)'''}{p^4} \qquad (s6.67)$$

これをラプラス逆変換すると

$$u(x) = \begin{cases} u(0)''\dfrac{x^2}{2!} + u(0)'''\dfrac{x^3}{3!} & (0 \leq x < \ell) \\ \dfrac{W_0}{EI}\dfrac{(x-\ell)^3}{3!} + u(0)''\dfrac{x^2}{2!} + u(0)'''\dfrac{x^3}{3!} & (x = \ell) \end{cases}$$

$$u''(\ell) = u(0)'' + u(0)'''\ell = 0 \qquad (s6.69)$$

$$u'''(\ell) = \frac{W_0}{EI} + u(0)''' = 0 \qquad (s6.70)$$

これから

$$u(0)''' = -\frac{W_0}{EI} \qquad (s6.71)$$

$$u(x) = \frac{W_0}{EI}\left(\frac{\ell x^2}{2} - \frac{x^3}{6}\right) \qquad \text{(Q.E.D)} \qquad (s6.72)$$

(c) 両端支持, 集中荷重

境界条件は

$$u(0) = u''(0) = u(\ell) = u''(\ell) = 0 \qquad (s6.73)$$

$$f(x) = W_0\,\delta\left(x - \frac{\ell}{2}\right) \qquad (s6.74)$$

$$F[p] = W_0\,e^{-\frac{\ell}{2}p} \qquad (s6.75)$$

同様にして

$$U[p] = \frac{W_0}{EI}\frac{1}{p^4}e^{-\frac{\ell}{2}p} + \frac{u(0)'}{p^2} + \frac{u(0)'''}{p^4} \qquad (s6.76)$$

よって

$$u(x) = \begin{cases} u(0)'x + u(0)'''\dfrac{x^3}{3!} & \left(0 \leq x \leq \dfrac{\ell}{2}\right) \\ \dfrac{W_0}{EI}\dfrac{\left(x - \dfrac{\ell}{2}\right)^3}{3!} + u(0)'x + u(0)'''\dfrac{x^3}{3!} & \left(\dfrac{\ell}{2} \leq x \leq \ell\right) \end{cases}$$

$$(s6.77)$$

$$u(\ell) = \frac{W_0}{EI}\frac{1}{3!}\left(\frac{\ell}{2}\right)^3 + u(0)'\ell + u(0)'''\frac{\ell^3}{3!} = 0 \qquad (s6.78)$$

$$u(\ell)'' = \frac{W_0}{EI}\frac{\ell}{2} + u(0)'''\ell = 0 \qquad (s6.79)$$

よって

$$u(0)''' = -\frac{W_0}{2}\frac{W_0}{EI}, \quad u(0)' = \frac{1}{16}\frac{W_0}{EI}\ell^2 \qquad (s6.80)$$

これらを, 上式に代入すれば,

$$u(x) = \begin{cases} \dfrac{W_0}{12EI} & \left(0 \leq x < \dfrac{\ell}{2}\right) \\ \dfrac{W_0}{12EI}(\ell - x)\left(2\ell x - x^2 - \dfrac{\ell^2}{4}\right) & \left(\dfrac{\ell}{2}x < \ell\right) \end{cases} \qquad (s6.81)$$

7章

7.1 与えられた拡散方程式の変数 $u(x,t)$ の物理的意味は温度であることに注意する。両端 $x=0$, $x=\ell$ の境界条件が与えられているので，フーリエ級数の方法を用いることにして解の形を

$$u(x,t) = \sum_{n=1}^{\infty} a_n(t)\phi_n(x) \tag{s7.1}$$

と仮定しよう。境界条件は両端 $u(0,t) = u(\ell,t) = 0$ のような単純なものではないので，$\phi_n(x) = \phi_0 \sin \lambda_n x$ とはならないことに注意する。境界条件から

$$\phi_n'(0) - h\phi_n(0) = 0 \tag{s7.2}$$

$$\phi_n'(\ell) + h\phi_n(\ell) = 0 \tag{s7.3}$$

すなわち，空間についての固有関数 $\phi_n(x)$ は一般に c_1, c_2 を未定係数として

$$\phi_n(x) = c_1 \cos \lambda_n x + c_2 \sin \lambda_n x \tag{s7.4}$$

時間についての固有関数は $a_n(0)$ を未定係数として

$$a_n(t) = a_n(0) \exp(-D\lambda_n^2 t) \tag{s7.5}$$

となっている必要がある。式 (s7.4) を境界条件に代入するとつぎのような関係式が成立しなければならない

$$c_2 \lambda_n - hc_1 = 0 \tag{s7.6}$$

$$(h\cos\lambda_n\ell - \lambda_n\sin\lambda_n\ell)c_1 + (h\sin\lambda_n\ell + \lambda_n\cos\lambda_n\ell)c_2 = 0 \tag{s7.7}$$

ここで，c_1, c_2 が存在するためには係数のつくる行列式がゼロでなくてはならない。すなわち

$$h^2 \sin\lambda_n\ell + 2h\lambda_n \cos\lambda_n\ell - \lambda_n^2 \sin\lambda_n\ell = 0 \tag{s7.8}$$

これを整理すれば

$$2\cot\lambda_n\ell = \frac{\lambda_n}{h} - \frac{h}{\lambda_n} \tag{s7.9}$$

となり，これを満たす固有値が求める解に関係するものである。この固有値および式 (s7.6) を使って空間固有関数は

$$\phi_n(x) = c_1\left(\cos\lambda_n x + \frac{h}{\lambda_n}\sin\lambda_n x\right) \tag{s7.10}$$

$\phi_n(x)$ の直交性に注意し，規格化条件

$$\int_0^\ell dx\, \phi_n(x)^2 = 1 \tag{s7.11}$$

を使えば

$$c_1 = \sqrt{\frac{2}{\ell}\frac{\lambda_n^2}{h^2+\lambda_n^2}} \tag{s7.12}$$

初期条件を使って $a_n(0)$ が決まり解は最終的に

$$u(x,t) = \frac{2}{\ell}\sum_{n=1}^{\infty}\exp(-D\lambda_n^2 t)\frac{\lambda_n^2(\lambda_n\cos\lambda_n x + h\sin\lambda_n x)}{h^2+\lambda_n^2}$$

$$\times \int_0^{\ell} d\xi\, f(\xi)(\lambda_n\cos\lambda_n\xi + h\sin\lambda_n\xi) \tag{s7.13}$$

7.2 これは端部の温度が時間的に変化する棒の初期値－境界値問題となっている。この問題は複雑になるように見えるが，実はつぎのような初期値－境界値問題の解の線形和であることがわかる。すなわち，初期分布を与えた場合

$$(\text{I})\quad u_1(0,t)=0,\, u_1(\ell,t)=0,\quad u_1(x,0)=h(x) \tag{s7.14}$$

および，$x=0$ および $x=\ell$ での境界値が時間的に変動する場合

$$(\text{II})\quad u_2(0,t)=f(t),\, u_2(\ell,t)=0,\quad u_2(x,0)=0 \tag{s7.15}$$

$$(\text{III})\quad u_3(0,t)=0,\, u_3(\ell,t)=g(t),\quad u_3(x,0)=0 \tag{s7.16}$$

とすれば，解は次式で与えられることになる。

$$u(x,t) = u_1(x,t) + u_2(x,t) + u_3(x,t) \tag{s7.17}$$

（I）の解は $h(x)$ を $f(x)$ で置き換えると，7.3 節で与えられている。これが $u_1(x,t)$ に対応する。

（II）の解は式 (7.33) のように表現され，固有関数も式 (7.34) で表現されるのは自明だから，これを拡散方程式に代入した式 (7.39) のところまでは変わらない。境界条件

$$u(0,t) = f(t) \tag{s7.18}$$

のときには

$$\frac{d}{dt}a_n(t) + D\left(\frac{n\pi}{\ell}\right)^2 a_n(t) = \frac{2\pi nD}{\ell^2}f(t) \tag{s7.19}$$

これの特解は

$$u_2(x,t) = \frac{2\pi D}{\ell^2}\sum_{n=1}^{\infty} n\sin\frac{n\pi x}{\ell}\int_0^t f(\tau)\exp\left[-D\left(\frac{n\pi}{\ell}\right)^2(t-\tau)\right]d\tau \tag{s7.20}$$

（III）の特解も同様にして

$$u_3(x,t) = \frac{2\pi D}{\ell^2} \sum_{n=1}^{\infty} n \sin \frac{n\pi x}{\ell} \int_0^t g(\tau) \exp\left[-D\left(\frac{n\pi}{\ell}\right)^2 (t-\tau)\right] d\tau \tag{s7.21}$$

7.3 拡散方程式をラプラス変換すれば

$$sU(x,s) = D\frac{d^2 U(x,s)}{dx^2} \tag{s7.22}$$

境界条件もラプラス変換すれば

$$U(0,s) = 0, U(\ell,s) = \frac{T_0}{s} \tag{s7.23}$$

解は (7.21) で求めた形になる。

$$U(x,s) = A \exp\left(-\sqrt{\frac{s}{D}}x\right) + B \exp\left(\sqrt{\frac{s}{D}}x\right) \tag{s7.24}$$

境界条件より

$$U(0,s) = 0 = A + B \tag{s7.25}$$

$$U(\ell,s) = \frac{T_0}{s} = A \exp\left(-\sqrt{\frac{s}{D}}\ell\right) + B \exp\left(\sqrt{\frac{s}{D}}\ell\right) \tag{s7.26}$$

この代数方程式から A, B を求めて,解はつぎのようになる。

$$U(x,s) = T_0 \frac{\sinh\left(x\sqrt{\frac{s}{D}}\right)}{s \sinh\left(\ell\sqrt{\frac{s}{D}}\right)} \tag{s7.27}$$

したがって,逆ラプラス変換はつぎのように得られる (**図 s7.1** 参照)。

$$u(x,t) = T_0 \left[\frac{x}{\ell} + \frac{2}{\pi} \sum_{n=1}^{\infty} \frac{(-1)^n}{n} e^{-D(n\pi/\ell)^2 t} \sin \frac{n\pi x}{\ell}\right] \tag{s7.28}$$

あるいはつぎのように表現される。

$$u(x,t) = T_0 \sum_{n=0}^{\infty} \left[\text{erf}\left(\frac{2n+1+\frac{x}{\ell}}{\frac{2\sqrt{Dt}}{\ell}}\right) - \text{erf}\left(\frac{2n+1-\frac{x}{\ell}}{\frac{2\sqrt{Dt}}{\ell}}\right)\right] \tag{s7.29}$$

ここで,$\text{erf}(z)$ は誤差関数である。

$$\text{erf}(x) \equiv \frac{2}{\sqrt{\pi}} \int_0^x \exp(-y^2)\, dy \tag{s7.30}$$

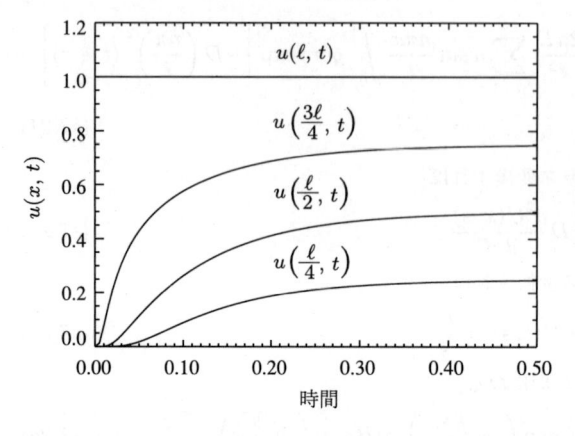

図 s7.1 いくつかの空間点 ($x = \ell/4$, $x = \ell/2$, $x = 3\ell/4$, $x = \ell$) における時間変化の様子 (ただし, $\ell = 1$, $D = 1$, $T_0 = 1$ と置いて計算している)

急速なステップ状の温度変化を与えた $x = \ell$ では変化がないが, ここから距離が離れるに従って飽和温度が低くなり, また飽和温度に達するまでの立上り時間も長くなることがわかる

8章

8.1 弦の振動の方程式は

$$u_{tt} = c^2 u_{xx} \tag{s8.1}$$

と表現され, c を弦の長さ辺りの質量を σ とし, 弦の張力を T として

$$c = \sqrt{\frac{T}{\sigma}} \tag{s8.2}$$

と置けば, 8.3 節とまったく同じであることがわかる. すなわち, 境界条件は両端固定だから

$$u(0,t) = u(\ell,t) = 0 \tag{s8.3}$$

これを満足する形状関数 $\phi_n(x)$ は式 (8.41) と同じ

$$\phi_n(x) = \sqrt{\frac{2}{\ell}} \sin \frac{n\pi x}{\ell} \tag{s8.4}$$

となる. 解をフーリエ級数の形で表現すると

$$u(x,t) = \sum_{n=1}^{\infty} a_n(t)\phi_n(x) \tag{s8.5}$$

となっているはずであるから, 式 (s8.1) に代入すると

$$\sum_{n=1}^{\infty} \ddot{a}_n(t)\phi_n(x) = -c^2 \sum_{n=1}^{\infty} \left(\frac{n\pi}{\ell}\right)^2 a_n(t)\phi_n(x) \tag{s8.6}$$

となるから，$\phi_m(x)$ を両辺に掛けて x について積分する．つぎの公式

$$\int_0^\ell dx \phi_n(x)\phi_m(x) = \delta_{n,m} \tag{s8.7}$$

(ここで，$\delta_{n,m}$ はクロネッカーの δ であり，$n=m$ のとき 1，それ以外はゼロをとる) に注意すれば式 (8.44) が得られる．

$$\ddot{a}_m(t) = -\left(\frac{cn\pi}{\ell}\right)^2 a_m(t) \tag{s8.8}$$

これは調和振動子と同じであるから，解は式 (5.29) の型になる．

$$a_m(t) = a_m(0)\cos\frac{cn\pi t}{\ell} + \dot{a}_m(0)\frac{1}{\frac{cn\pi}{\ell}}\sin\frac{cn\pi t}{\ell} \tag{s8.9}$$

残った問題は，$a_m(0), \dot{a}_m(0)$ を決めることである．初期条件

$$u(x,0) = f(x), \quad u_t(x,0) = g(x) \tag{s8.10}$$

から，つぎの関係があることに注意する．

$$u(x,0) = f(x) = \sum_{n=1}^{\infty} a_n(0)\phi_n(x) \tag{s8.11}$$

$$u_t(x,0) = g(x) = \sum_{n=1}^{\infty} \dot{a}_n(0)\phi_n(x) \tag{s8.12}$$

式 (s8.11), (s8.12) の両辺に $\phi_m(x)$ を掛けて x について積分すれば，$a_m(0)$，$\dot{a}_m(0)$ はつぎのように求められる．

$$a_m(0) = \int_0^\ell d\xi\, f(\xi)\phi_m(\xi) \tag{s8.13}$$

$$\dot{a}_m(0) = \int_0^\ell d\xi\, g(\xi)\phi_m(\xi) \tag{s8.14}$$

結局，解を整理して書くと

$$u(x,t) = \sum_{n=1}^{\infty} \left(\alpha_n \cos\frac{cn\pi t}{\ell} + \beta_n \sin\frac{cn\pi t}{\ell}\right)\sin\frac{n\pi x}{\ell} \tag{s8.15}$$

ここで

$$\alpha_n = \frac{2}{\ell}\int_0^\ell d\xi f(\xi)\sin\frac{n\pi\xi}{\ell} \tag{s8.16}$$

$$\beta_n = \frac{2}{cn\pi} \int_0^\ell d\xi g(\xi) \sin \frac{n\pi\xi}{\ell} \tag{s8.17}$$

8.3 節ではグリーン関数表現を用いているが，ここでは，標準的なフーリエ級数表現を用いており，答えは完全に同じである．

8.2 拡散方程式の境界値問題の場合と同様，一端を時間と共に変化させる場合の解を

$$u(x,t) = \sum_{n=1}^\infty a_n(t)\phi_n(x) \tag{s8.18}$$

と置くことにすれば，$a_n(t)$ に対する微分方程式は

$$\ddot{a}_n(t) + \left(\frac{cn\pi}{\ell}\right)^2 a_n(t) = \frac{2c^2 n\pi}{\ell^2} f(t) \tag{s8.19}$$

となり，これは強制外力の入った調和振動子と同型となる．初期条件は $u(x,0)=u_t(x,0)=0$ であるから，斉次解を考慮する必要がなく，外力が存在する場合の特解を見出せばよい．よって解は

$$u(x,t) = \frac{2c}{\ell} \sum_{n=1}^\infty \sin \frac{n\pi x}{\ell} \int_0^t f(\tau) \sin \frac{cn\pi}{\ell}(t-\tau)\, d\tau \tag{s8.20}$$

8.3 弾性棒の縦振動の基礎方程式は

$$u_{tt} = c^2 u_{xx} \tag{s8.21}$$

初期条件 $u(x,0)=u_t(x,0)=0$ に注意して，両辺をラプラス変換すれば

$$\frac{d^2}{dx^2} U(x,s) - \frac{s^2}{c^2} U(x,s) = 0 \tag{s8.22}$$

境界条件をラプラス変換すれば，

$$U(0,s) = 0, \quad EU_x(\ell,s) = F[s] \tag{s8.23}$$

式 (s8.22) の解は A, B を未定の係数として

$$U(x,s) = Ae^{\frac{s}{c}x} + Be^{-\frac{s}{c}x} \tag{s8.24}$$

式 (s8.23) の境界条件を満足するためには

$$U(0,s) = A + B \tag{s8.25}$$

$$U_x(\ell,s) = A\left(\frac{s}{c}\right)e^{\frac{s}{c}\ell} - B\left(\frac{s}{c}\right)e^{-\frac{s}{c}\ell} \tag{s8.26}$$

式 (s8.25)，(s8.26) から A, B を求めると

$$A = \frac{c}{Es} \frac{F[s]}{e^{\frac{s}{c}\ell} + e^{-\frac{s}{c}\ell}} \tag{s8.27}$$

$$B = -\frac{c}{Es}\frac{F[s]}{e^{\frac{s}{c}\ell}+e^{-\frac{s}{c}\ell}} \tag{s8.28}$$

よって，解はつぎのように表現される。

$$U(x,s) = \frac{\sinh\dfrac{sx}{c}}{\cosh\dfrac{s\ell}{c}}\frac{c}{Es}F[s] \tag{s8.29}$$

$f(t) = F_0(t \geq 0)$ とすれば，$F[s] = F_0/s$，そこで

$$U(x,s) = \frac{\sinh\dfrac{sx}{c}}{\cosh\dfrac{s\ell}{c}}\frac{cF_0}{Es^2} \tag{s8.30}$$

$x = \ell$ の自由端では

$$U(\ell,s) = \frac{cF_0}{Es^2}\tanh\frac{s\ell}{c} \tag{s8.31}$$

これは逆ラプラス変換をとれば

$$u(\ell,t) = \frac{cF_0}{E}H(t,\frac{2\ell}{c}) \tag{s8.32}$$

ここで

$$H(t,T) = \begin{cases} t & (0 \leq t \leq T) \\ 2T-t & (T \leq t \leq 2T) \end{cases} \tag{s8.33}$$

(a) 強制外力による棒の縦振動の概念図

(b) 棒の一端に一定の力が急に働いた場合の $x = \ell$ での変位 $u(\ell,t)$ の時間変化

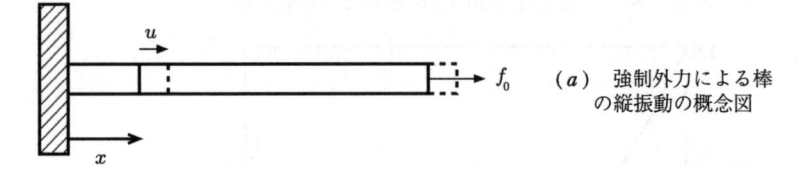

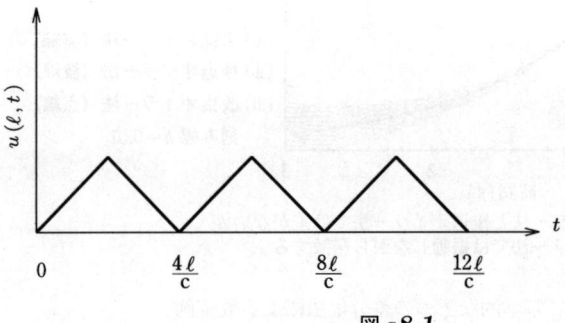

図 s8.1

これは周期的な三角波を表す (図 **s8.1**)。

9章

9.1 微分方程式
$$\frac{d}{dt}y = -y \tag{s9.1}$$
の真の解は初期条件 $y(0) = 1$ とすれば
$$y(t) = e^{-t}y(0) \tag{s9.2}$$
である。

(i) 単純オイラー法による差分化を時間刻み幅を h とすれば
$$y_{m+1} = (1-h)y_m \tag{s9.3}$$

(ii) 一方, 後退オイラー法では
$$y_{m+1} = (1+h)^{-1}y_m \tag{s9.4}$$

(iii) さらに, 改良オイラー法では
$$y_{m+1} + 2hy_m - y_{m-1} = 0 \tag{s9.5}$$

となる。具体的な数値計算例を**図 s9.1** に示す。テキストにも説明したように, 改良オイラー法ではほかの方法と異なり発散する。

単純オイラー法と後退オイラー法では差がないが
改良オイラー法では振動しながら発散する

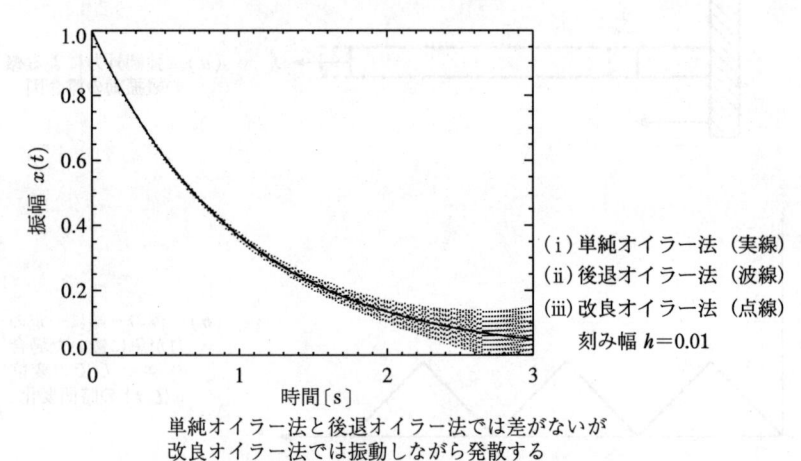

図 s9.1 基本的な三つの差分化法による数値例

9.2 つぎに，調和振動の微分方程式

$$\ddot{x} = -\omega_0^2 x \tag{s9.6}$$

$$\frac{d}{dt}\vec{X} = \boldsymbol{M}\vec{X} \tag{s9.7}$$

ここで

$$\vec{X} = \begin{pmatrix} x \\ v \end{pmatrix}, \quad \boldsymbol{M} = \begin{pmatrix} 0 & 1 \\ -\omega_0^2 & 0 \end{pmatrix} \tag{s9.8}$$

について考えてみよう。

（ⅰ） 単純オイラー法による差分化は

$$\vec{X}(m+1) = \vec{X}(m) + h\boldsymbol{M}\vec{X}(m) \tag{s9.9}$$

すなわち

$$\begin{pmatrix} x(m+1) \\ v(m+1) \end{pmatrix} = \begin{pmatrix} 1 & h \\ -\omega_0^2 h & 1 \end{pmatrix} \begin{pmatrix} x(m) \\ v(m) \end{pmatrix} \tag{s9.10}$$

$v(m)$ を消去して $x(m)$ だけの式に直すと

$$x(m+1) - 2x(m) + (1 + \omega_0^2 h^2)x(m-1) = 0 \tag{s9.11}$$

固有値を決める特性方程式は

$$r^2 - 2r + 1 + \omega_0^2 h^2 = 0 \tag{s9.12}$$

となることがわかる。これを解けば

$$r_\pm = 1 \pm i\omega_0 h \quad \text{（複合同順）} \tag{s9.13}$$

よって

$$|r_\pm| = \sqrt{1 + \omega_0^2 h^2} > 1 \quad \text{(always)} \tag{s9.14}$$

したがって，どんなに h を小さくとっても，いずれは数値的に発散すると結論づけられる。

（ⅱ） 一方，後退オイラー法では

$$\vec{X}(m+1) = \vec{X}(m) + h\boldsymbol{M}\vec{X}(m+1) \tag{s9.15}$$

すなわち

$$\begin{pmatrix} 1 & -h \\ \omega_0^2 h & 1 \end{pmatrix} \begin{pmatrix} x(m+1) \\ v(m+1) \end{pmatrix} = \begin{pmatrix} x(m) \\ v(m) \end{pmatrix} \tag{s9.16}$$

$$\begin{pmatrix} x(m+1) \\ v(m+1) \end{pmatrix} = \frac{1}{1 + \omega_0^2 h^2} \begin{pmatrix} 1 & h \\ -\omega_0^2 h & 1 \end{pmatrix} \begin{pmatrix} x(m) \\ v(m) \end{pmatrix} \tag{s9.17}$$

上記と同様に $x(m)$ のみの方程式に直すと

$$(1+\omega_0^2 h^2)x(m+1) - 2x(m) + x(m-1) = 0 \tag{s9.18}$$

この解はつぎのようになる．

$$r_\pm = \frac{1}{1+\omega_0^2 h^2}(1 \pm i\omega_0 h) \qquad \text{(複合同順)} \tag{s9.19}$$

$$|r_\pm| = \frac{1}{\sqrt{1+\omega_0^2 h^2}} < 1 \qquad \text{(always)} \tag{s9.20}$$

となるから，この差分化では h をどんなに変化させても発散しないことが帰結される．

(iii) 最後に，改良オイラー法では

$$\vec{X}(m+1) = \vec{X}(m-1) + 2h\bm{M}\vec{X}(m) \tag{s9.21}$$

となり，行列で表現すると

$$\begin{pmatrix} x(m+1) \\ v(m+1) \end{pmatrix} = \begin{pmatrix} x(m-1) \\ v(m-1) \end{pmatrix} + \begin{pmatrix} 0 & 2h \\ -2h\omega_0^2 & 0 \end{pmatrix} \begin{pmatrix} x(m) \\ v(m) \end{pmatrix} \tag{s9.22}$$

同様にして $x(m)$ のみの方程式に直すと

$$x(m+2) - 2(1 - 2h^2\omega_0^2)x(m) + x(m-2) = 0 \tag{s9.23}$$

が得られる．特性方程式は 4 次の代数方程式となる．

$$r^4 - 2(1 - 2h^2\omega_0^2)r^2 + 1 = 0 \tag{s9.24}$$

r^2 について解けば

$$r^2 = 1 - 2h^2\omega_0^2 \pm 2h\omega_0\sqrt{h^2\omega_0^2 - 1} \tag{s9.25}$$

となるから，もし

$$h^2\omega_0^2 < 1 \tag{s9.26}$$

となるように十分小さな h を選ぶと

$$r_1 = \alpha + i\beta, \quad r_2 = -(\alpha + i\beta), \quad r_3 = \alpha - i\beta,$$
$$r_4 = -(\alpha - i\beta) \tag{s9.27}$$
$$\alpha = \sqrt{1 - h^2\omega_0^2}, \quad \beta = h\omega_0 \tag{s9.28}$$

となる．このとき

$$|r_j| = 1 \qquad (j = 1, 2, 3, 4) \tag{s9.29}$$

となるから，どんなに h を変化させても振動解は安定である（発散しない）ことが期待される．しかし，式 (s9.23) の解は c_1, c_2, c_3, c_4 を未定係数として

$$x(m) = c_1 r_1^m + c_2 r_2^m + c_3 r_3^m + c_4 r_4^m \qquad (s9.30)$$

と書けることになり，$x(0)$ から $x(3)$ の四つを指定しなければ未定係数 c_1, c_2, c_3, c_4 は決まらないので，この場合の離散解は連続変数の場合の解曲線に完全に乗るわけではないことに注意する．

連続変数の場合の解曲線に完全に乗る離散化は式 (9.18), (9.19) にあるように特性根が

$$r_\pm = \exp(\pm i\omega_0 h) \qquad (s9.31)$$

となるから，解は c_1, c_2 を未定係数として

$$x(m) = c_1 r_+^m + c_2 r_-^m = c_1 \exp(i\omega_0 m h) + c_2 \exp(-i\omega_0 m h) \quad (s9.32)$$

となる．$x(m)$ は実数だから，基底関数を $\sin \omega_0 m h$, $\cos \omega_0 m h$, 積分定数も実数値の定数 A, B で書いて，与式を得る．

$$x(m) = A \cos \omega_0 m h + B \sin \omega_0 m h \qquad \text{(Q.E.D.)} \qquad (s9.33)$$

9.3 $a = b = p = q = 1$ のとき式 (9.24), (9.25) を（ⅰ）単純差分（オイラー法）で差分化すると，時間刻みを h としてつぎのようになる．

$$x(m+1) - x(m) = h\{x(m) - x(m)y(m)\} \qquad (s9.34)$$

$$y(m+1) - y(m) = h\{y(m) - x(m)y(m)\} \qquad (s9.35)$$

整理すればつぎのような漸化式を得る．

$$x(m+1) = \{(1+h) - hy(m)\}x(m) \qquad (s9.36)$$

$$y(m+1) = \{(1-h) - hx(m)\}y(m) \qquad (s9.37)$$

（ⅱ）後退オイラー法で差分化するとき，非線形項 xy を一律に $x(m+1)y(m+1)$ で差分化すると漸化式が複雑な関数になる．そこで，(9.24) の非線形項 xy を $x(m+1)y(m)$ とし，(9.25) の非線形項 xy を $x(m)y(m+1)$ とする差分化により，つぎのような簡単な漸化式が求まる．

$$x(m+1) = \{(1-h) + hy(m)\}^{-1} x(m) \qquad (s9.38)$$

$$y(m+1) = \{(1+h) - hx(m)\}^{-1} y(m) \qquad (s9.39)$$

（ⅲ）4段4次のルンゲ・クッタ法（ルンゲの原公式）では付録 D の式 (D.27) から (D.31) までの公式を適用すればよい．すなわち，関数 $f_x(x,y), f_y(x,y)$ を $f_x(x,y) \equiv x - xy$, $f_y(x,y) \equiv -y + xy$ で定義すれば漸化式はつぎに示す

ようになる。

$$k_{1x} = hf_x(x(m), y(m))$$

$$k_{1y} = hf_y(x(m), y(m))$$

$$k_{2x} = hf_x\left(x(m) + \frac{k_{1x}}{2}, y(m) + \frac{k_{1y}}{2}\right)$$

$$k_{2y} = hf_y\left(x(m) + \frac{k_{1x}}{2}, y(m) + \frac{k_{1y}}{2}\right)$$

$$k_{3x} = hf_x\left(x(m) + \frac{k_{2x}}{2}, y(m) + \frac{k_{2y}}{2}\right)$$

$$k_{3y} = hf_y\left(x(m) + \frac{k_{2x}}{2}, y(m) + \frac{k_{2y}}{2}\right)$$

$$k_{4x} = hf_x(x(m) + k_{3x}, y(m) + k_{3y})$$

$$k_{4y} = hf_y(x(m) + k_{3x}, y(m) + k_{3y})$$

$$x(m+1) = x(m) + \frac{1}{6}(k_{1x} + 2k_{2x} + 2k_{3x} + k_{4x}) \tag{s9.40}$$

$$y(m+1) = y(m) + \frac{1}{6}(k_{1y} + 2k_{2y} + 2k_{3y} + k_{4y}) \tag{s9.41}$$

各差分法の計算精度の比較は読者にゆだねる。

9.4 式 (9.43) で初期値 $\vec{V}(0)$ を与えて $j = 1, 2, \ldots$ を順次変えて $\vec{V}(j)$ を計算し，図示すればよい．本文中の図 9.3 に示したように，時間とともに物理量 $u(x)$ は減っていくことを各自確認されたい．

10章

10.1 この問題を三つの方法：① 変数分離，② 特解を見つけてベルヌーイの微分方程式に変換，③ 線形方程式に変換，で解く．

① 変数分離法：

$$m\dot{v} = mg - \eta v^2 \tag{s10.1}$$

$$\dot{v} = \frac{\eta}{m}(a^2 - v^2) \tag{s10.2}$$

ここで，$a^2 = mg/\eta$ と置いた．

$$\int_{v(0)}^{v(t)} \frac{dv}{a^2 - v^2} = \frac{\eta}{m}\int_0^t dt = \frac{\eta}{m}t \tag{s10.3}$$

積分を実行すると

$$\frac{1}{2a}[-\log(a-v) + \log(a+v)]_{v(0)}^{v(t)} = \frac{\eta}{m}t \tag{s10.4}$$

$$\log \frac{a+v(t)}{a-v(t)} = \log \frac{a+v(0)}{a-v(0)} + \frac{2a\eta}{m}t \tag{s10.5}$$

$$\frac{a+v(t)}{a-v(t)} = b\exp\left(\frac{2a\eta}{m}t\right) \tag{s10.6}$$

$$b = \frac{a+v(0)}{a-v(0)} \tag{s10.7}$$

$v(t)$ について整理すると

$$v(t) = \frac{a\left(b\exp\left(\frac{2a\eta t}{m}\right) - 1\right)}{b\exp\left(\frac{2a\eta t}{m}\right) + 1} \tag{s10.8}$$

ここで

$$a = \sqrt{\frac{mg}{\eta}}, \quad \gamma = \frac{2\eta}{m}a = 2\sqrt{\frac{g\eta}{m}} \tag{s10.9}$$

初速度がゼロ $(v(0) = 0)$ であれば，$b = 1$，よって

$$v(t) = a\tanh\left(\sqrt{\frac{g\eta}{m}}t\right) \tag{s10.10}$$

を得る。

② **特解を見つけてベルヌーイの微分方程式に変換**：

特解 $v_p = \sqrt{mg/\eta}$ を見つけて変数変換すると，式 (10.11) において

$$z(t) = C(t)\exp\left(2\sqrt{\frac{\eta g}{m}}t\right) \tag{s10.11}$$

とおけば

$$\dot{C}\exp\left(2\sqrt{\frac{\eta g}{m}}t\right) = \frac{\eta}{m} \tag{s10.12}$$

$$C(t) = C(0) + \frac{1}{2}\sqrt{\frac{\eta}{mg}}\left[1 - \exp\left(-2\sqrt{\frac{\eta}{m}}t\right)\right] \tag{s10.13}$$

$$z(0) = C(0) \tag{s10.14}$$

$$v(t) = v_p + \frac{\exp(-\gamma t)}{z(0) + \frac{1}{2}\sqrt{\frac{\eta}{mg}}(1 - \exp(-\gamma t))} \tag{s10.15}$$

ただし，$\gamma = \sqrt{\eta g/m}$。もし，初速度ゼロ $(v(0) = 0)$ なら

$$v(t) = v_p \frac{1 - \exp(-2\gamma t)}{1 + \exp(-2\gamma t)} \tag{s10.16}$$

③ **従属変数の変換**：

行列

$$M_0 = \begin{pmatrix} b(t) & c(t) \\ -a(t) & -b(t) \end{pmatrix} \tag{s10.17}$$

に

$$a(t) = g, \quad b(t) = 0, \quad c(t) = -\frac{\eta}{m} \tag{s10.18}$$

を代入すると

$$M(t) = \int_0^t M_0(t)dt = \begin{pmatrix} 0 & \dfrac{\eta t}{m} \\ gt & 0 \end{pmatrix} \tag{s10.19}$$

が得られる。これから

$$\begin{pmatrix} f(t) \\ g(t) \end{pmatrix} = \exp(M(t)) \begin{pmatrix} f(0) \\ g(0) \end{pmatrix}$$

$$= \begin{pmatrix} \cosh\sqrt{\dfrac{\eta}{m}}t, & \sqrt{\dfrac{\eta}{mg}}\sinh\sqrt{\dfrac{\eta}{m}}t \\ \sqrt{\dfrac{mg}{\eta}}\sinh\sqrt{\dfrac{\eta}{m}}t & \cosh\sqrt{\dfrac{\eta}{m}}t \end{pmatrix} \begin{pmatrix} f(0) \\ g(0) \end{pmatrix} \tag{s10.20}$$

したがって，簡単な行列計算により

$$v(t) = \frac{\sqrt{\dfrac{mg}{\eta}}\sinh\left(\sqrt{\dfrac{\eta g}{m}}t\right)f(0) + \cosh\left(\sqrt{\dfrac{\eta g}{m}}t\right)g(0)}{\cosh\left(\sqrt{\dfrac{\eta g}{m}}t\right)f(0) + \sqrt{\dfrac{mg}{\eta}}\sinh\left(\sqrt{\dfrac{\eta}{m}}t\right)g(0)} \tag{s10.21}$$

$v(0) = g(0)/f(0)$ に注意すれば，つぎのような解が得られる。

$$v(t) = \frac{\sqrt{\dfrac{mg}{\eta}}\sinh\left(\sqrt{\dfrac{\eta g}{m}}t\right) + \cosh\left(\sqrt{\dfrac{\eta}{m}}t\right)v(0)}{\cosh\left(\sqrt{\dfrac{\eta g}{m}}t\right) + \sqrt{\dfrac{\eta}{mg}}\sinh\left(\sqrt{\dfrac{\eta g}{m}}t\right)v(0)} \tag{s10.22}$$

初速度がゼロ $(v(0) = 0)$ のときには，次式が得られる。

$$v(t) = \sqrt{\dfrac{mg}{\eta}}\tanh\sqrt{\dfrac{\eta g}{m}}t$$

10.2 マトリクス・リカッチ微分方程式の解法

$$\dot{X} = A(t)X + XB(t) + XC(t)X + D(t) \tag{s10.23}$$

$$X = n \times n \text{ 型のマトリクス} \tag{s10.24}$$

$A(t), \ B(t), \ C(t), \ D(t) = n \times n$ 型のマトリクスで

$t_0 \leqq t \leqq t_1$ で絶対可積分 $\tag{s10.25}$

(解法)

$$\dot{Y} = -B(t)Y - C(t)Z \tag{s10.26}$$

$$\dot{Z} = D(t)Y + A(t)Z \tag{s10.27}$$

を考える。

Y が非特異 (正則) ならば，式 (s10.26)〜(s10.27) を満たす Y と Z とによって式 (s10.23) の解が

$$X = Z(t)Y^{-1}(t) \tag{s10.28}$$

のように与えられることを示す。まず式 (s10.28) を微分すると

$$\dot{X} = \dot{Z}Y^{-1} + Z\dot{Y}^{-1} \tag{s10.29}$$

$$= \dot{Z}Y^{-1} - ZY^{-1}\dot{Y}Y^{-1} \tag{s10.30}$$

式 (s10.26) および (s10.27) を式 (s10.30) に代入すると

$$\dot{X} = D(t)Y + A(t)ZY^{-1} - ZY^{-1}{-}B(t)Y - C(t)ZY^{-1} \tag{s10.31}$$

$$= D(t) + A(t)X + XB(t) + XC(t)X \quad \text{(Q.E.D.)} \tag{s10.32}$$

10.3 3 章に示したおもりとばねの 2 質点連成系のときには $\alpha = -2\kappa,\ \beta = \kappa$ となっていたことに注意する。この問題の方程式系は磁気浮上のモデル (文献 12) 参照) の特殊な場合に対応する。A の固有値を計算することにより制御が働いていない ($u = 0$) 場合のシステムの安定条件を導出すると，定数係数行列 A の固有値は $|A - \lambda E| = 0$ より

$$\lambda^4 - 2\alpha\lambda^2 + \alpha^2 - \beta^2 = 0 \tag{s10.33}$$

$$(\lambda^2 - \alpha)^2 - \beta^2 = 0 \tag{s10.34}$$

したがって，4 個の固有値は

$$\lambda_1 = \sqrt{\alpha + \beta},\ \lambda_2 = \sqrt{\alpha - \beta},\ \lambda_3 = -\sqrt{\alpha + \beta},$$
$$\lambda_4 = -\sqrt{\alpha - \beta} \tag{s10.35}$$

となる。条件式と対応する固有値の値の分類を**表 s10.1** に示す。ラウス・フルビッツ (Routh-Hurwitz) の線形安定性基準によれば，実数値の任意の α および β に対して係数行列 A で表現される線形システムは不安定である。固有値の実数部が正になっており，システムが不安定になっているとき制御 ($u \neq 0$) が働いていないとシステムを安定に保つことができない。

連成振動の係数行列を

表 s10.1 固有値の分類

条件式	λ_1	λ_2	λ_3	λ_4
(ⅰ) $\alpha+\beta>0$ かつ $\alpha>\beta$	正	正	負	負
(ⅱ) $\alpha+\beta<0$ かつ $\alpha<\beta$	虚	虚	虚	虚
(ⅲ) $\alpha+\beta>0$ かつ $\alpha<\beta$	正	虚	負	虚
(ⅳ) $\alpha+\beta<0$ かつ $\alpha>\beta$	虚	正	虚	負

$$K = \begin{pmatrix} \alpha & \beta \\ \beta & \alpha \end{pmatrix} \tag{s10.36}$$

と書く。$t_f = \infty$ であるから，リカッチ方程式の定常状態での定数行列 P を決定すればよい。すなわち，式 (10.66) で $R = E$ として

$$PA + A^T P + \gamma \begin{pmatrix} E & O \\ O & O \end{pmatrix} - PBB^T P = 0 \tag{s10.37}$$

を解けばよい。ここで，E は単位行列

$$E = \begin{pmatrix} 1 & 0 \\ 0 & 1 \end{pmatrix} \tag{s10.38}$$

$$O = \begin{pmatrix} 0 & 0 \\ 0 & 0 \end{pmatrix} \tag{s10.39}$$

$$A = \begin{pmatrix} O & E \\ K & O \end{pmatrix} \tag{s10.40}$$

$$\vec{B} = \epsilon \begin{pmatrix} O \\ K \end{pmatrix} \tag{s10.41}$$

定数行列 P は (4×4) 行列であり

$$P = \begin{pmatrix} P_{11} & P_{12} \\ P_{12}^T & P_{22} \end{pmatrix} \tag{s10.42}$$

と記すと，(s10.37) の (1×1)，(1×2)，(2×2) 要素からつぎのような方程式が得られる。

$$P_{12}K + K^T P_{12}^T + \gamma E - \epsilon^2 P_{12} K K^T P_{12}^T = O \tag{s10.43}$$

$$P_{11} + K^T P_{22} - \epsilon^2 P_{12} K K^T P_{22} = O \tag{s10.44}$$

$$P_{12}^T + P_{12} - \epsilon^2 P_{22} K K^T P_{22} = O \tag{s10.45}$$

式 (s10.43) より δ をスカラとして

$$P_{12} = \delta K^{-1} \tag{s10.46}$$

がこの方程式を満足することがわかる。ただし，δ は

$$2\delta + \gamma - \epsilon^2 \delta^2 = 0 \tag{s10.47}$$

を満足している必要がある。ここでは，P_{12} は正値である物理的な要請から

$$\delta = \frac{1 + \sqrt{1 + \gamma \epsilon^2}}{\epsilon^2} \tag{s10.48}$$

を採用する。式 (s10.46) を式 (s10.45) に代入することにより

$$P_{22} = \frac{\sqrt{2\delta}}{\epsilon} K^{-3/2} \tag{s10.49}$$

これらをさらに式 (s10.44) に代入することにより

$$P_{11} = \frac{\sqrt{2\delta(1 + \gamma \epsilon^2)}}{\epsilon} K^{-1/2} \tag{s10.50}$$

が得られる。このようにして得られた最適制御がシステムを漸近安定にするかを確かめるために

$$\hat{A} \equiv A - BB^T P \tag{s10.51}$$

を計算してみると

$$= \begin{pmatrix} O & E \\ -\sqrt{1+\gamma\epsilon^2} K & -\epsilon\sqrt{2\delta} K^{1/2} \end{pmatrix} \tag{s10.52}$$

となる。この係数行列 $\hat{A}$ は見かけ上散逸がある連成振動システムになっており，すべての固有値の実数部分は負（制御をかけることにより漸近安定）となっている

索引

【あ行】

位相平面 21
phase plane
一般解 17
general solution
一般解の明瞭解 17
explicit general solution
インパルス応答 74
impulse response
うなり 48
beat
運動モード 31,32
mode of motion
N 階の定数係数の微分方程式 33
constant-coefficient differential equation of the N-th order
エネルギー保存の法則 19
energy conservation law
オイラー法 91
Euler scheme
オームの法則 86
Ohm's law

【か行】

解曲線 96
curve of solution
改良オイラー法 92
improved Euler scheme
カオス 6
chaos
化学反応の法則 8
law of chemical reaction
拡散方程式 2,69,70
diffusion equation
確率・統計 58,59
probability theory and statistics
重ね合わせの原理 66
principle of superposition
基本解 24
elementary solution
逆フーリエ変換 58
inverse Fourier transform
逆ラプラス変換 52
inverse Laplace transform
境界値問題 61
boundary value problem
行列リカッチ方程式 107,108
matrix Riccati equation
グリーン関数 65
Green's function
グリーン関数法 65
Green's function method
形式解 14,32,99
formal solution
ゲージ不変性 106
gauge invariance
ゲージ変換 105
gauge transform
後退オイラー法 92
backward Euler scheme
高調波 41
higher harmonics
誤差関数 74,120
error function
固有関数 64,85
eigenfunction
固有関数展開 64
eigenfunction expansion
固有値 14,15,16
eigenvalue
固有値行列 26
matrix of eigenvalues
固有値方程式 24
equation of eigenvalues
固有値問題 26
eigenvalue problem
固有ベクトル 16
eigenvector
コンダクタンス 86
conductance

【さ行】

差分化 4
discretization
差分近似 4
difference approximation
差分方程式 3
difference equation
3重対角行列 99
triple diagonal matrix
指数関数の定義 5,13,16,115
definition of exponential function
死滅過程 8
death process
従属変数変換 105,107,110
dependent variable transformation
常微分方程式 1
ordinary differential equation
ジョルダンの標準形 27
Jordan normal form
シルベスター行列 24
Silvester matrix
シルベスターの標準形 36
Silvester normal form
ステッター行列 123,124
Stetter matrix
ステップ関数 73
step function
スペクトル表示 36,37
spectral representation
斉次解 17,55
homogeneous solution
斉次微分方程式 11
homogeneous differential equation
生成過程 8
birth process
正則行列 14
regular matrix
積分定数 19
constant of integration
線形安定 44
linear stable
線形不安定 45
linear instability

索　引

相似変換　　　　　14,15,26,27
similarity transformation

【た行】

第1種の境界条件　　　　　61
boundary condition of the first kind

第3種の境界条件　　　　　61
boundary condition of the third kind

代数方程式　　　　　　　　15
algebraic equation

第2種の境界条件　　　　　61
boundary condition of the second kind

畳込み積分　　　　　　　　17
convolution integral

単純差分近似　　　　　　　4
simple difference approximation

単純差分法　　　　　　　　91
simple discretization scheme

単振り子　　　　　　　　　18
simple pendulum

調和振動子　　　　　　12,18
harmonic oscillator

定数係数の常微分方程式　　9
ordinary differential equation with constant coefficient

定数変化法　　　　　　11,42
variation of constants

δ 関数　　　　　　64,81,125
delta function

電信方程式　　　　　　　　89
telegraph equation

特性方程式　　　　　　　　26
characteristic equation

独立な調和振動子　　　　　30
independent harmonic oscillator

特　解　　　　　　　　17,55
particular solution

【な行】

ナビエ・ストークス方程式　69
Navier-Stokes equation

2重指数関数　　　　　　　41
double exponential function

ニュートンの運動方程式　　1
Newton's equation of motion

ニュートンの冷却の法則　　8
Newton's law of cooling

粘性抵抗　　　　　　　　104
viscous resistance

【は行】

波動方程式　　　　　2,69,80
wave equation

パラメータ励振　　　　　　48
parametric excitation

引込み現象　　　　　　38,39
phenomenon of entrainment

非斉次微分方程式　　　11,17
inhomogeneous differential equation

非線形系　　　　　　　　　43
nonlinear system

評価関数　　　　　　　　110
performance function

標準型の微分方程式　　　　23
differential equation in the normal form

標準型の4階微分方程式　　28
differential equation of the fourth order in the normal form

ファンデルポール方程式　　97
Van der Pol equation

部分分数　　　　　　　　　10
partial fraction

フーリエ空間　　　　　　　80
Fourier space

フーリエ変換　　　　　　　57
Fourier transform

ベルヌーイの微分方程式
　　　　　　　　　　103,104
Bernoulli equation

変数係数系　　　　　　　　43
variable coefficient system

変数係数の微分方程式　33,40
differential equation with variable coefficient

変数分離　　　　　　　　　10
separation of variables

変数分離型　　　　　　　　9
variables separable

偏微分方程式　　　　　　3,69
partial differential equation

放射性元素の崩壊の法則　　8
law of radioactive element decay

【ま行】

マクスウェルの方程式　2,68,86
Maxwell's equations

摩擦抵抗　　　　　　　　　12
frictional resistance

マチウの方程式　　　　　　41
Mathieu equation

明瞭解　　　　　　　14,16,32
explicit solution

【や行】

輸送方程式　　　　　　　　2
transport equation

余誤差関数　　　　　　73,120
complimentary error function

【ら行】

ラウス・フルビッツの安定性基準　　45
Routh-Furwitz's stability criterion

ラプラス空間　　　　51,52,53
Laplace space

ラプラス変換　　　　　　　51
Laplace transform

リカッチの微分方程式
　　　　　　　　103,104,105
Riccati differential equation

留数定理　　　　　　　　　52
residue theorem

ロジスティック方程式
　　4,6,8,10,21,91,96,103,129
Logistic equation

ロトカ・ボルテラ方程式　　96
Lotka-Volterra equation

ロンスキアン　　　　　　　57
Wronskian

―― 著者略歴 ――

1973 年　北海道大学工学部原子工学科卒業
1975 年　北海道大学大学院工学研究科修士課程修了
1978 年　北海道大学大学院工学研究科博士課程単位取得退学
1980 年　工学博士（北海道大学）
1980 年　筑波大学助手
1983 年　筑波大学講師
1995 年　筑波大学助教授
2000 年　筑波大学教授
　　　　　現在に至る

工学のための微分方程式入門
Introduction to Differential Equations for Students of Engineering

© Hidetoshi Konno 2004

2004 年 10 月 8 日　初版第 1 刷発行

検印省略	著　者	金　野　秀　敏
		つくば市並木 2-207-103
	発行者	株式会社　コロナ社
	代表者	牛来辰巳
	印刷所	壮光舎印刷株式会社

112-0011　東京都文京区千石 4-46-10
発行所　株式会社　コロナ社
CORONA PUBLISHING CO., LTD.
Tokyo　Japan
振替 00140-8-14844・電話(03)3941-3131(代)
ホームページ http://www.coronasha.co.jp

ISBN 4-339-06075-5　　　（金）　（製本：グリーン）
Printed in Japan

無断複写・転載を禁ずる
落丁・乱丁本はお取替えいたします